现代建筑理论
词语比较

吴永发　戴叶子　著

中国建筑工业出版社

图书在版编目（CIP）数据

现代建筑理论词语比较 / 吴永发，戴叶子著 . —北京：中国建筑工业出版社，2020.7（2022.10重印）

ISBN 978-7-112-25092-9

Ⅰ. ①现… Ⅱ. ①吴… ②戴… Ⅲ. ①建筑理论—比较词汇学 Ⅳ. ①TU-0

中国版本图书馆 CIP 数据核字（2020）第 075658 号

责任编辑：费海玲　焦　阳
责任校对：焦　乐

现代建筑理论词语比较

吴永发　戴叶子　著

＊

中国建筑工业出版社出版、发行（北京海淀三里河路9号）

各地新华书店、建筑书店经销

逸品书装设计制版

北京富诚彩色印刷有限公司印刷

＊

开本：787毫米×1092毫米　1/16　印张：7½　字数：160千字

2020年12月第一版　　2022年10月第二次印刷

定价：**68.00**元

ISBN 978-7-112-25092-9

（35894）

"词语比较"——
开启建筑理论思维的一种科学方法

汪正章

抗疫宅家，收到苏州大学建筑学院院长吴永发教授发来的一部书稿：《现代建筑理论词语比较》。我对这部书稿的总体印象是：

该书从书名、目录到内容，都颇有新意。对一定数量的具有关联性、对应性、对偶性以及近义性与歧义性的词语，进行筛选荟萃和观照比较，这无论对渴望求知的建筑学子，还是对亟待提升建筑理论水平和专业素养的建筑师，都具有现实的启蒙和引导意义。全书所述各类建筑理论词语，并未简单追求面面俱到和应选尽选，而是广采博纳，突出重点，跨越学科，力求精准阐释，显示了独特的理论性、实用性、知识性和可读性。总体来说，本书通过一定的篇幅容量，有理有据、精选例证且图文并茂，对当下现代建筑最常用、最敏感和最热络的理论话语，进行了多方位、多视角、多层次的集成梳理，为建筑领域增添了一部诠词释义、释疑解惑的理论新作。

建筑理论的宗旨，在于其科学认知价值和理论思维意义，本书推出的主要目的正在于此。前者主要是基于建筑的认识论，后者则主要是基于建筑的方法论，而后者才更能体现本书内容的学术理论特色。就是说，其不仅在建筑认知层面，能够"诠词释义"和"释疑解惑"，更重要的是揭示了一个十分有意义的建筑方法论话题，即所谓"比较词语"和"词语比较"。可以认为，建筑理论词语比较，一旦被人们所熟知和运用，就能独辟蹊径，掌握开启建筑理论思维的一种科学方法。

为什么这样说呢？

先从建筑认识论上说。书中所选的当今现代建筑理论词语，总共50余对，其中除少数为大家所熟知的建筑通用词语，其余大部词语均为新兴的外来语汇。它们隶属现代建筑文化，横跨相关的人文与自然科学，在一定程度上体现了学科交叉和学科渗透，且与当今和未来的城市建筑发展、生态环境建设以及历史建筑遗存保护等问题密切相关。书中对所有这些建筑词语的阐释及其相关建筑例证的剖析等，也都为建筑理论认知打开了一扇扇窗口，从而有助于我们开阔建筑视野，强化和加深对许多重要建筑概念，尤其是对某些新鲜疑难词义概念的领悟和理解。

再从建筑方法论上说。必须承认，在当下现代建筑及其相关学科中，确有许多以至大量词义含混、模棱两可的专业术语，对此仅靠就事论事、有一说一式的孤立解释，往往不能如愿以偿。诸如对"现代"与"后现代"、"建构"与"解构"、"形象"与"意象"及"抽象"与"象征"等不同的各类相关建筑词语，只有把它们放在相互照应、相互对比即相互比较的特定语境中，才能显示其较为全面准确的语义内涵。诠词释义及其概念界定，重在有所比较。而有所比较才能有所鉴别，有所鉴别才能有所发现、有所发展和有所提高，从而步入建筑理论学习与思考的新境界。因此，本书对建筑词语采用成双成对，"一分为二"而又"合而为一"的组合架构及理论阐释，不仅是一种建筑理论叙事方式的变化，更是其改进建筑理论思维方法的一种有益尝试和积极探索。

读书学习，开卷有益。读建筑书，读建筑理论书，读建筑理论词语书，也应作如是观。我想，对读者特别是广大的建筑初学者来说，这本书的"开卷有益"之处，不仅在其读词释义功能，更在于其通过"比较式"词语解读，而能由此及彼、举一反三和触类旁通，以便不断加深对许多"常解常新"的基本建筑词语的理解，并能主动自觉地去发现和掌握那些层出不穷、不断涌现的建筑理论新词。学词有益，"益"在哪里？益就益在学有所思、学有所想、学有所用、学有所进和学有所创，从而真正达到学有所"值"。

在现实理论探寻中，人们往往为不断冒出的建筑理论新词异语所吸引，但也不无困惑和兴叹。解决这一问题，归根结底要靠建筑实践。要提倡并学会结合设计创作任务和过程，在理论联系实际的思考中，在广泛的社会接触中，勤于博览和发现建筑新鲜词语，善于识辨和理解建筑新词含义，以便不断充实和丰富自己的建筑理论知识。建筑理论是创作实践的向导，而其理论词语又如同引导建筑理论认知的一个个路标、路径和桥梁。《现代建筑理论词语比较》一书，正是在这一点上，给人以兴趣、以营养、以启迪，特别在结合创作实践，运用词语比较方法进行建筑理论思维方面，为我们指出了一条新的学研思路。

应当承认，有关"比较科学"作为一种理论方法，早已出现在当今学科发展的各领域。诸如"比较自然学""比较社会学""比较教育学""比较文化学""比较艺术学"和"比较审美学"等，已走在建筑学科发展的前面。作为建筑学人，能不能在这方面借鉴"他山之石"，借以攻克建筑理论之"玉"？我们高兴地看到，在苏州大学建筑学院吴永发教授主导研究下，为我们奉献了一部有关蕴含"比较建筑学"方法内涵的理论新著。尽管这只是起步，尚待进一步丰富完善和不断拓展，但在比较建筑理论研究方面无疑开了一个好头。正如本文标题和通篇内容所强调的："比较词语"——它为我们开启了"建筑理论思维的一种科学方法"。

歌德说过，"理论是灰色的，而生命之树长青！"庄子也告诫世人，"我生有涯，而求知无涯，以有涯之生求无涯之知，殆矣！"就建筑而言，也有人把建筑理论与创作比作鸟儿的两扇翅膀，缺一不可，只有两翼齐飞才能飞高达远。当代中国建筑必须实现理论和创作实践的密切结合，才能大展宏图、提升水平和可持续发展，保持其旺盛的学科和专业生命力。吴永发教授历来以建筑创作见长，又重理论研究，注重以建筑理论指导创作实践，进而不断推出设计创新作品和建筑理论研究成果。我为他的开拓进取精神点赞，为他所辛勤服务的苏州大学建筑学院点赞，为他们能培养出更多理论联系实际的"双栖型"建筑人才点赞，当然，也为即将出版的这本《现代建筑理论词语比较》新书点赞！

2000.5

2020 年 5 月 18 日

前言 | Foreword

　　设计理论包含的内容面广、量大，且存在跨学科现象，在特殊语境中还有特定含义。此外，相当一部分基于翻译的外来语汇也造成了一定的认知难度，从而给国内相关学科的初学者及从业者带来一定的困难。

　　本书是在苏州大学建筑学院研究生课程教学的基础上经过充实和提炼所得，选取当今设计理论领域出现频率较高，与设计实践关联紧密，且容易混淆，并具有一定认识难度的理论知识点，以比较的方式进行注解和诠释。主要内容围绕近现代建筑、规划、景观等专业的设计思想及设计方法，同时涵盖了建筑符号学、知觉现象学、环境行为心理学、建筑类型学等相关学科，也包括上述领域中出现的有关主义、流派、思潮等的理论内容。词条遵从词形、词义相近的原则，以成对的形式进行编排并加以释义和区分，每个词条下包括名词解释、典型案例、代表人物等内容。全书一共收集了 54 对设计理论词语，对每个词语做出 600 ～ 900 字的论述，并按每对词组靠前词语英译单词的首字母为序，进行目录编排。

　　设计理论内容庞杂，本书只是选取了其中的一小部分词语，并以尽可能精简的方式从最典型、通俗的角度进行阐述，错漏之处在所难免，恳请读者批评指正。我们还将不断积累、拓展这一建筑理论词库，以期为读者认识和理解相关知识点的理论背景，提供进一步的参考。

2020 年 5 月

目录 | Contents

类比
Analogy

　　"类比"一词是语言学常用术语，它是语言变化的一种现象，意指根据两种事物在某些特征上的相似，推论出它们在其他特征上相似的可能性。语言学家索绪尔（Ferdinand de Saussure，1857—1913年）将类比定义为以一个或几个其他形式为模型，按照一定规则构成的形式。类比具有两面性，一方面具有保留原有特质的保守性；另一方面具有创造新形式的创新性。

　　在建筑学领域，英国建筑评论家 G. 勃罗德彭特（Geoffery Beoadbent，1929年— ）在《符号·象征与建筑》一书中总结了"类比型设计"的设计方法，即通过与客观存在的实物之间的类比关系来进行设计。意大利建筑师、建筑理论家罗西提出了"类比城市"的概念，类比成为罗西的一种重要设计工具。本质上来看，类比城市是从实际城市中具体的类型形式与特定场所抽象而来的，是人类对城市的记忆和心智形象的再现。

　　在当代建筑设计创作中，类比是生成创造性建筑的一种重要途径。纯粹主义、风格主义将人体、自然物、绘画、雕塑，以及抽象的哲学概念作为类比的媒介，创造出极具象征意义的建筑形式。

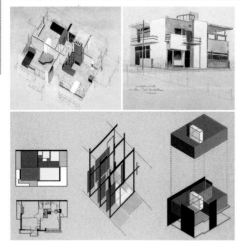 

施罗德住宅
（Schroder House，1924年）

乌德勒支 荷兰（Utrecht，Netherlands）
[荷]格里特·里特维尔德（Gerrit Rietveld，1888—1964年）
施罗德住宅是对蒙德里安风格派绘画的典型视觉类比。精炼纯粹的几何形式和色彩明快的空间形象赋予了原画生动的三维生命。
图片来源：VAN ZIJL I . The Rietveld Schroder House[M]. Princeton: Princeton Architectural Press，2000：48

阿尔多·罗西的"类比城市 II"
（La Città Analoga II，1976年）

罗西将各种不相关联的建筑物部件和城市片段拼贴组织在整个画面之中，将心理上的存在转化为真实的城市实体，这就是罗西"类比城市"的哲学真谛。
图片来源：罗西. 阿尔多·罗西的作品与思想 [M]. 北京：中国电力出版社，2005：37

类推
Iconic analogy

"类推"最初出自于瑞士心理学家卡尔·荣格（Carl Gustav Jung，1875—1961年）提出的思维模式。类推思维方法既不是从具象到抽象的归纳，也不同于从抽象到具象的演绎，它是一种从具象到具象、从物到物的推演过程。

类推设计很大程度上依赖于原型的定位，在建立原型的基础上，将原有的"原型"进行转换、深化和发展，以产生新的形态和形式，这实际上表现为深层结构的类推。在类推过程中，人们会无意识地将自己所处时代的观念、生活模式及文化因素注入其中。因此，类推后所形成的新形态，必然表现出历史同源现象，同时又构成对现代生活的呼应。在这一层面上，罗西的"类比城市"实质上就来源于荣格的类推思维。意大利建筑师萨维（Vittorio Savi，1948 年—）在《阿尔多·罗西的幸运》（The Luck of Aldo Rossi）一文中列举出"类推设计"程式：1.引用存在的建筑或片段；2.图像类推；3.换喻；4.产生同源现象。

类推在建筑设计上主要在于形式的创造，尤其在"元设计"中是十分有效的方法。罗西在摩德纳墓地的设计过程中就将类推思维发挥得淋漓尽致。

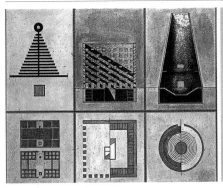

圣卡塔尔多公墓
（San Cataldo Cemetery，1971—1978 年）

摩德纳 意大利（Modena，Italy）

[意] 阿尔多·罗西

圣卡塔尔多公墓是罗西最富宗教意味和哲理的建筑，它由三种最基本、最原始和最纯粹的构筑物组成。所有基本的构筑形式以原始的洞穴与塚为原型，以烘托死亡的凝重氛围。类推的思维使得原初的创作观念产生了同一形式的若干变体。

左：公墓三个基本要素——围墙、立方体、锥形体的平面和剖面

右：公墓最终的效果图和总平面图

图片来源：罗西.阿尔多·罗西的作品与思想 [M]. 北京：中国电力出版社，2005：65

轴线
Axis

　　几何学术语，广义上指沿着视线方向、运动方向以及物体间关系，形成的一条设想的直线。视线方向和运动方向形成的轴线称为方向轴，由多个物体位置关系形成的轴线即为关系轴。轴线没有具体的形态或者形体，而是一种由所见而产生的视觉现象、心理感觉或思维上的联想。

　　在建筑创作中，轴线是营造建筑及城市空间的一种重要设计手法，也是一种解读空间及其意义的经典方法。从几何学意义上来说，轴线是对称构图的作用线，在形式上给人以稳定、均衡、正式的感觉。在设计中，轴线通过某种逻辑与合理的秩序将不同形式的空间进行排列组合，能够增加空间的序列导向性与中心凝聚力，由此引发人的视觉关注焦点，营造高质量的美学体验。设计者通过对空间序列的着重表达，将轴线上的空间处理为变化的开合、大小、虚实等，让人们在行进的路线中感受到空间的组织，产生不同的空间感受。

巴黎城市中轴线——香榭丽舍大道
（ Avenue des Champs—Elysées ）

[法] 乔治·欧仁·奥斯曼（ Baron Georges Eugene Haussmann，1809—1891 年 ）
巴黎被誉为西方最美丽的城市之一。设计师利用街道连接广场、园林绿地、古迹、纪念性建筑物，形成统一、完整、恢宏的城市空间构图轴线网络。
图片来源：世界城市史 [M]. 薛钟灵，余靖芝，葛明义，等，译. 北京：科学出版社，2000：857

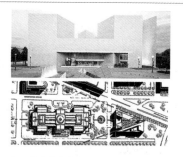

上：美国国家美术馆东馆
（ East of American National Art Gallery，1968—1978 年 ）

[美] 贝聿铭（ I.M.Pei，1917—2019 年 ）
建筑师关注宏观层面的城市整体构图，从周边环境着手，通过切割梯形平面表示对国会大厦——杰斐逊纪念堂轴线的尊重，等腰三角形产生的轴线延续了老馆的东西轴线，与周围环境建立和谐统一的关系。
图片来源：世界建筑大师与作品贝聿铭与美国国家美术馆 [J]. 重庆建筑，2010（3）：62

右：紫禁城
（ The Forbidden City，1406—1420 年 ）

北京 中国
紫禁城的建筑空间组织采用沿南北轴线纵伸发展、对称布置的布局方式，通过中轴线营造出空间的起、承、转、合；主轴两侧次轴上各建筑采用基本对称且灵活变通的布局手法，形成秩序统一、主次分明的空间整体。
图片来源：侯幼彬，李婉. 中国古代建筑历史图说 [M]. 北京：中国建筑工业出版社，2002：129

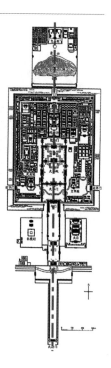

　　"节点"在《辞海》中意为植物茎上生叶与分支相连的部位，也指树木枝干交接处，后被引申应用于多个领域，包括建筑与城市空间。

　　建筑中的节点空间概念一般指空间的非均质区域，节点空间与周边空间在功能、特征、形态等方面的密度差别显著，由此表现出其异质性。一般而言，节点空间多为开放的公共领域，城市广场是最普遍的节点空间类型。从城市空间结构来说，节点多指对城市发展产生重大影响的非均质功能区域，这种功能空间在总体层面上对城市空间结构起着重要的衔接和布局把控的作用。凯文·林奇在《城市意象》中将圣马可广场作为综合了这一类型节点空间特征的经典实例，从城市层面对其节点意义进行了详细分析。

　　节点既是城市空间骨架中的"结构体"，也是不同的功能空间之间的"连接体"，其秩序形成整个空间中的层次。各节点有机连接、呼应，空间不断变化，由此构成建筑或城市的空间序列。

典型案例

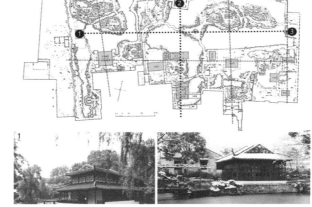

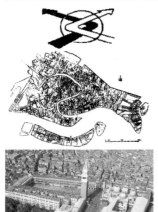

上：节点概念图示

凯文·林奇将节点列为城市意象的五大要素之一，指在城市中行进的人们活动的聚焦点，多指道路与道路或不同空间之间的交汇处，具有连接和聚焦两个特点。

图片来源：林奇.城市意象[M].方益萍，何晓军，译.北京：华夏出版社，2001：36

下：威尼斯圣马可广场（Piazza San Marco）

开阔的梯形广场与附近狭窄曲折的道路小巷形成鲜明对比，又与威尼斯城的主要特征——运河紧密联系，且广场形状具有明晰的方向性，是城市节点空间创作中不可多得的经典。

图片来源：曹昊，张妹.圣马可广场改造设计中"均衡"理念的探索[J].现代城市研究，2013（7）：44

苏州拙政园

拙政园以景观节点形成的系列点状空间交织连接，组成了"庭园"的空间结构，同时看似散点式的节点空间又统一在有序的轴线关系之中。

1. 天泉亭；2. 见山楼；3. 留听阁。

图片来源：刘敦桢.苏州古典园林[M].北京：中国建筑工业出版社，2005：312，334，343

仿生
Bionics

Bionics 由两个希腊语词汇"bion"与"ics"合成而来。仿生是一个古老又年轻的学科，早在两千年前人类就模仿鱼类的形体造船，以木桨仿鳍。现代意义的仿生学则诞生于 20 世纪 60 年代初的美国，指的是研究生命系统功能及其应用的科学。通俗来讲，仿生就是基于生物系统原理来构筑技术系统的一门科学，从而使人工系统具有和生物系统相同或相似的特征。

20 世纪 80 年代，德国人勒伯多（J. S. Lebedew）的著作《建筑与仿生学》（*Architecture and Bionic*）为现代建筑仿生学奠定了基础，此后越来越多的建筑师开始仿生建筑设计实践。仿生建筑是指在建筑设计中根据自然界生物的生长规律，并结合建筑自身特点来对环境进行人工改造，或建造仿生建筑。仿生不仅是一种创新的设计方法，更是一种与自然相协调，实现可持续发展的建筑理念。

从某种角度来说，仿生技术属于绿色技术的范畴，因而也是绿色建筑的一种表达。仿生建筑依据生物系统的原理，使得建筑的营造既科学又符合自然规律。建筑师运用仿生技术手段，能使建筑结构形式、功能布局合理高效，形体造型丰富新颖。仿生技术在建筑中的应用主要有形式仿生、使用功能仿生和结构仿生等。仿生建筑的主要代表建筑师有卡拉特拉瓦、崔悦君等。

典型案例

肯尼迪国际机场 TWA 航站楼
（Trans World Airlines Flight Center, 1955—1962 年）

纽约 美国（New York, USA）
埃 罗·沙 里 宁（Eero Saarinen, 1910—1961 年）
建筑师以浪漫优美的曲线创造出一只展翅欲飞的混凝土飞鸟，堪称经典之作。
图片来源：江滨，任艳.埃罗·沙里宁有机功能主义建筑大师 [J].中国勘察设计，2018（7）：86，87

上：崔式住宅
（Residence for Florence and William Tsui, 1995 年）

伯克利 美国（Berkeley，USA）

下：旧金山蝴蝶馆
（Butterfly Pavilion，2000 年）

旧金山 美国（San Francisco，USA）
[美] 崔悦君（Eugene Tsui，1954 年—）
崔悦君擅长创造整体造型仿生建筑物。崔氏住宅在形态上模仿海洋中的螺壳形态，旧金山蝴蝶馆则形似一只翩翩起舞的蝴蝶。建筑师强调建筑应与科学技术的高速发展保持一致。
图片来源：崔悦君.创新建筑：崔悦君和他的进化式建筑 [M].北京：中国建筑工业出版社，2002：104

纽约世贸中心中转站
（New York World Trade Center Transfer Station，2009 年）

[西] 圣 地 亚 哥·卡 拉 特 拉 瓦（Santiago Calatrava，1951 年—）
卡拉特拉瓦认为大自然的形态不仅具有极高的美学意义，而且有着惊人的力学效率，而合理的力学工程设计能够呈现出建筑之美。因此，在他的设计创作中，动物形态常被作为建筑模仿对象。据说纽约世贸中心中转站的灵感就来自儿童放飞鸟类的画作，寓意新的希望。
图片来源：TZONIS A. Santiago Calatrava, complete works[M]. New York：RIZZILI，2004：379

生态
Ecology

Ecology 来源于德文"生态学"（Ökologie）一词，是由希腊词 Οικοθ（房屋、住所）和 Λογοθ（学科）构成。生物学意义上的生态学是研究有机体与环境之间相互关系及其作用机理的科学，现在我们把生物在一定的自然环境下生存和发展的状态，称之为生态，也包含了其生物学特征和生活习性。

20 世纪 60 年代，美国建筑师保罗·索勒瑞（Poala Soleri，1919—2013 年）把生态学和建筑学两词合并，创造出了"Archology"一词，意为生态建筑学。1969 年，英国景观设计师麦克哈格的代表作《设计结合自然》一书详细明确地阐述了以生态原理进行规划设计和分析的方法。生态建筑理念重视建筑与环境之间的有机关系，旨在解决人类在建筑领域面临的生态问题。生态建筑学依据生态学的思想和原理进行科学的建筑规划设计，因地制宜、合理组织对建筑产生影响的各种因素之间的关系，从而将建筑与环境融合成一个有机整体。生态建筑强调建筑的生物自调节能力，以满足使用者居住生活舒适度良好为目标，致力于在人与生态环境之间建立一个良性的循环系统。

典型案例

《设计结合自然》
（*Design with Nature*）

[英]伊恩·伦诺克斯·麦克哈格
（Ian Lennox McHarg，1920—2001年）
黄经纬译，天津大学出版社，2006年。
麦克哈格在书中对城市、乡村、海洋、陆地、植被、气候等问题均以生态原理加以研究，阐述了人与自然环境之间不可侵害的依赖关系，从生态科学高度扩展了传统"规则"与"设计"的研究范围和内容。

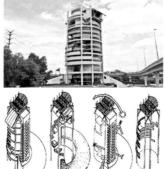

结构分析　绿化分析　日照分析　遮阴分析

梅纳拉大厦
（Menara Mesiniage，1989—1992 年）

雪兰莪州 马来西亚（Selangor，Malaysia）
[马]杨经文（Kenneth King-Mun Yeang，1948年—）
梅纳拉大厦的设计充分考虑了当地典型的热带气候特征，逐层分布的空中庭院与凹陷的外庭空间连接形成螺旋形交错的建筑体量，实现建筑的被动式低能耗。
图片来源：理查兹.哈姆扎和杨经文建筑师事务所：生态摩天大楼 [M].汪芳，张翼，译.北京：中国建筑工业出版社，2005：27

德国国会大厦穹隆
（Plenarbereich Reichstagsgebäude，1999 年）

柏林 德国（Berlin，Germany）
[英]诺曼·福斯特
（Norman Foster，1935 年—），1999 年 普利兹克建筑奖获得者。
该建筑原穹隆毁于"二战"，新穹隆以钢为骨架，玻璃为幕墙，一支从全体会议大厅上方悬下的巨型漏斗状柱子与屋顶顶端相接，镶嵌在漏斗上的 360 块活动镜面把阳光折射进大厅，有效节约了照明能源。新穹隆不仅是一件融合了当代建筑美学的技术杰作，它的一系列生态技术更使其成为生态节能建筑的典范。
图片来源：朱欢.真正的福斯特建筑：国会大厦 [J].世界建筑，1999（10）：42

边界
Edge

其原意指一个物体到另一个物体的空间边缘界线，是用来区分两个不同性质和范围的线性领域。若两个地点的交接适宜地满足了人对交往距离的要求，从而使得人们喜爱逗留在这样的开放空间、地带或区域的边缘，那么这种使人后背空间有支撑，让人感觉舒服、安全的效果就被称为边界效应。

建筑学中的边界是一种线性空间要素，比如建筑的外围边界、建筑与建筑间的界限，通常分为刚性边界和柔性边界两种。凯文·林奇认为，边界是城市中区别于路径通道的线性成分，具有连续性、可见性和开放性特征，相邻的两个空间能够进行相互参照对比，同时发挥界定、联系空间及信息承载等多种功能。克里斯托弗·亚历山大在《建筑的永恒之道》一书中提出边界效应能够促进人的行为活动的发生，是边界空间活力提升的关键。如何发挥边界所承载的多样化、多层次功能，成为建筑学关注的重要课题。

在现代城市公共空间设计中，边界效应能够很好地处理广场、建筑、街道、公园及其他活动空间的和谐关系，在提升空间的利用率的同时，营造具有场域感的边界空间，提高人们对于城市公共空间的满意度。

典型案例

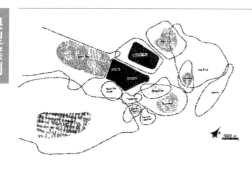

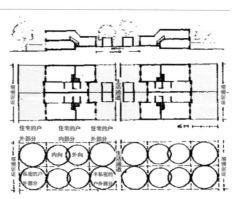

变化中的区域边界

"边界是除路径以外的线性要素，通常是两个地区的边界，相互起侧面参照的作用。"

图片来源：林奇.城市意象 [M].方益萍，何晓军，译.北京：华夏出版社，2001：52

住宅区中的柔性边界图示

扬·盖尔把柔性边界定义为一种建筑与户外连接处的半开放过渡性空间，可以加强人与人之间的交流，建筑与室外、建筑与建筑边界的交流与融合。

上：住宅与住宅之间柔性边界（通道与前院）剖面图

中：平面关系图

下：面临公共通道的前院作为一种半私密半开放的柔性边界起到了很好的过渡作用。

图片来源：盖尔.交往与空间 [M].何人可，译.北京：中国建筑工业出版社，2002：181

　　界面指物体与物体之间的分界面或接触面，建筑界面指划分不同空间领域的实体构成或媒介地带。我们一般所认为的建筑界面指建筑内部与外部空间的限定元素，它包括处于建筑内外部空间边缘的构件及其组合方式。

　　建筑界面是影响建筑形式和空间结构的围合要素，更包括了建筑与环境之间交流的过渡性空间。近年兴起的生态、环保、节能技术成为建筑界面处理手段的热点。现代城市规划的重要内容之一就是城市界面设计，主要包括三方面的内容：城市的轮廓线、城市的滨水界面和街道、广场、交叉口。城市界面常常决定了一个城市带给我们的观感。

　　随着信息时代共享理念的兴起，界面的概念从二维向三维扩展，建筑界面也从传统的硬质界面向交融模糊发展，交叉融合的界面处理手法常表现为模糊性、可渗性和共融性。

典型案例

桂离宫中的侧缘空间
（Katsura Imperial Villa，1620—1624 年）
京都 日本（Kyoto，Japan）
日本传统庭院中的侧缘空间本质上是一种半虚半实的灰空间，它很好地模糊了室内外空间界面，实现两者之间的自然过渡，更增加了空间的透明性和流动性。

上海世博会英国馆
（UK Pavilion，Expo 2010 Shanghai，2010 年）
上海 中国
[英]托马斯·赫斯维克（Thomas Heatherwick，1971 年—）
上海世博会英国馆是应用建筑界面模糊化手法的典型案例。该建筑以 6 万根透明亚克力杆分布在整个建筑外侧作为分割室内外的界面，能够随风向周围飘动伸展。模糊的界面使得建筑的体量感得以削弱，从而变得轻盈。
图片来源：唐可清. 大事件中的小建筑：解读 2010 年上海世博会英国馆 [J]. 时代建筑，2010（3）：80

横滨国际客运中心
（Yokohama International Passenger Terminal，1995—2002 年）
横滨 日本（Yokohama，Japan）
[英]FOA 建筑事务所
建筑采用特殊的线性结构和回路系统，形成一个折叠式双重界面，使得自身成为整体交通系统中一部分，形成一座城市公园与周边肌理自然衔接。建筑与景观界面的连续转换也为人们提供了多样化的体验，人与城市空间得到最大化的交融。
图片来源：王钊，张玉坤. FOA 建筑事务所的探索与实践 [J]. 时代建筑，2006（3）：150-157

广亩城市
Broadacre city

　　源于 20 世纪初西方社会大城市的集聚与专制现象，以及工业化过度发展所带来的城市环境问题下，赖特基于分散主义原则，提倡和发展一种分散的、低密度的城市规划模式，即在 1932 年《消失的城市》(*The Disappearing City*) 书中提出的广亩城市设想。

　　广亩城市的研究视角和尺度不再局限于城市，而是拓展到城市外围的乡村。它主张在城乡大尺度上，城市功能以建筑单元的形式分散在区域性农业空间网格之中，是一种城市功能及区域空间形态都较为松散、低密度的，居住、生活、就业相结合的新规划形式。

　　广亩城市所主张的分散布局规划思想区别于现代城市普遍的集中式布局，它所体现的城市分散发展、统一多样的思想，无疑是对现代城市发展模式的一次挑战。20 世纪 60 年代以后，美国大量人口由城市向近郊、远郊乃至乡村广阔空间迁移的社会现象，也在相当程度上体现了赖特广亩城市的思想。此外，在城乡同质化现象严重的当代中国，对于多样化、特色化、生态化的新型城乡建设，广亩城市理论依然有很多值得借鉴的地方。

概念术语

广亩城市分散式基本格局

内层：城内道路以 500m 见方的网格式分布，道路之间以相隔约 250m 的次级道路和更次一级的街巷填充，沿街设置商业、市场、旅馆等，主干道路交叉口设有车站，中心区则基本由 0.4~1.2hm^2 的独立院落组成；
次外层：设置工人住宅、私人手工业工场和果园、植物园等；
外层：设置工业用地。
图片来源：黄潇颖.消失的城市一个建筑师的城市替代方案 [J].时代建筑，2013(6)：58

广亩城市模型（1935 年）

正方形的模型展示了约 1036hm^2（约 2560 英亩）地块上的景观，该地块以方格网状机动车干道架构起整体交通体系，中心区是由一系列最小尺度的住宅组成的社区，周边各类建筑散落于优美自然的农业景观中。
图片来源：黄潇颖.消失的城市一个建筑师的城市替代方案 [J].时代建筑，2013(6)：56, 57

田园城市
Garden city

"田园城市"是由英国社会改革家霍华德（Ebenezer Howard，1850—1928年）在其1889年出版的《明日——一条通向真正改革的和平道路》（*Tomorrow: A Peaceful Path to Real Reform*）中提出的一种城市建设理论。它的主要目的是应对19世纪末20世纪初城市快速发展所导致的环境问题。

田园城市理论的主要观点有：城镇应具有健康的居住生活和工业生产环境；城市应规模适中、不宜过大，但要满足各种社会生活需求；城市要被乡村带包围等。依据田园城市的构想，城市应提供健康的生活，其规模要能够负载丰富的社会生活，所有城市土地归公众所有，中心城市向外辐射其周边若干个田园城市，城市周边环绕着永久性的农业用地。可以说，田园城市的本质是城乡结合。

从更深层次上看，霍华德的田园城市理论并不单纯只是城市规划方案，更是一种对社会的改革设想。在相当程度上，它尝试通过重新规划影响城市发展的诸要素，试图解决大城市的过度发展导致的社会环境问题，遏制大城市无节制地发展。该理论的提出无疑是超越时代的，因此规划界将其称为现代城市规划的开端。

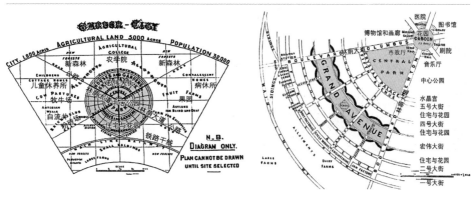

左：田园城市理论要点

（以1000英亩*城市用地，5000英亩农业用地，人口约32000人的卫星城为例）：

1. 位于大城市周边、有一定人口和土地规模的卫星城；
2. 城市周围是农田，即城市包裹于田园之中；
3. 中央为住宅、商业、工业混合区，是具有经济独立性的城市。

右：田园城市分区与中心的结构设想

图片来源：霍华德.明日的田园城市[M].金经元，译.北京：商务印书馆，2010：22

*1英亩约为0.4hm²。

粗野主义
Brutalism

　　粗野主义是 20 世纪 50 年代下半叶至 60 年代出现的一种设计倾向，主要以现代主义建筑大师勒·柯布西耶较为粗犷的建筑风格为代表。

　　早期的粗野主义建筑有柯布西耶的马赛公寓和位于昌迪加尔的建筑作品。第二次世界大战后的恢复建设时期，英国建筑师史密森夫妇在此基础上将其理论化、系统化。粗野主义不单是一种形式风格或设计方法，也是一种能满足大工厂生产、工业化施工、经济高效的新的建筑趋势和美学观。粗野主义建筑最大的特点就是表现建筑自身，着重展现建筑的形式美与材质美。在形式上通过各层平面、形体、色彩、质感和比例关系等来获得美的感受；材质上保持材料的自然本色，来达到不施装饰、质朴粗犷的风格特征；造型上多采用厚重粗壮的建筑屋顶、墙体以及柱墩，形体凹凸效果强烈。

典型案例

马赛公寓
（Marseilles Unite Habitation，1946—1952 年）

马赛 法国（Marseille，France）
[法] 勒·柯布西耶
马赛公寓是第一个全部用预制混凝土外墙板覆面的大型建筑物，主体采用现浇钢筋混凝土结构，表现出粗犷、原始、朴实和敦厚的艺术效果。它是柯布西耶粗野主义达到成熟的标志。
图片来源：柯布西耶.勒·柯布西耶全集第 1 卷 [M].牛燕芳，程超，译.北京：中国建筑工业出版社，2005：178

昌迪加尔议会大厦
（Chandigarh Parliament，1950—1955 年）

旁遮普省 印度（Punjab，India）
[法] 勒·柯布西耶
敦厚的混凝土墙板未做任何粉饰，直接展现材料的原始质感。
图片来源：柯布西耶.勒·柯布西耶全集第 8 卷 [M].牛燕芳，程超，译.北京：中国建筑工业出版社，2005：52

亨斯坦顿中学
（Hunstanton School，1949—1954 年）

诺福克郡 英国（Norfolk，UK）
[英] 史密森夫妇
（A.&P.Smithson，1928—1993 年，1923—2003 年）
亨斯坦顿中学是史密森夫妇的成名之作，其设计的灵魂理念来源于史密森夫妇对事物客观真实性的追求。玻璃、钢、混凝土等材质以其本真面貌，体现材料的真实属性，从整体贯穿至细节。
图片来源：朱亦民.史密森夫妇与粗野主义建筑思想 [J].建筑学报，2019（6）：120

典雅主义
Formalism

　　典雅主义是第二次世界大战后在美国流行的一种审美取向，一般趋于回溯历史的建筑设计思潮。

　　典雅主义不是照抄传统，而是重视遵循古典美学法则和汲取传统建筑手法，在构图和细节装饰上力求体现规整、严谨、精美、典雅的基调。它主张结合现代技术与材料结构的特性，展现出一种类似古典主义的、富于纪念性的庄重与庄严感。这种庄重的形式很容易与权力等级和财富相联系，所以典雅主义颇受官方和一些大型工商企业的欢迎。在其发展后期出现了两种明显的发展倾向，一种是历史主义，代表作品有美国建筑师爱德华·斯通设计的美国驻新德里大使馆；另一种则以表现形式和技术特征为主，代表作有山崎实设计的纽约世界贸易中心、菲利普·约翰逊（Philip Johnson，1906—2005 年）设计的谢尔登艺术纪念馆等。

典型案例

大使馆平面图

美国驻印度大使馆
（Embassy of the United States in India，1954—1958 年）
新德里 印度（New Delhi，India）
[美] 爱德华·斯通（Edward Durell Stone，1902—1978 年）
平面效仿古希腊神庙，周围有一圈柱廊，基座、柱子、檐部 3 个部分清晰明显，柱廊左右对称排列，在立面上富有韵律感。建筑装饰充盈着传统文化元素：来源于印度传统纹案的花格墙让人联想泰姬陵的白色基调主楼和水池。在这座建筑里，东西方文化、传统与现代元素得以完美融合。
图片来源：胡冰路.美国驻新德里大使馆 [J].世界建筑，1989（6）：100，101，102

纽约世贸中心
（World Trade Center，1973—2001 年）
纽约 美国
[美] 山崎实
（Minoru Yamasaki，1912—1986 年）
山崎实的典雅主义建筑多运用古典建筑的尖券元素，他认为建筑要结构明确，并能充分发挥现代技术的优点，同时符合人的尺度，使人感到安全、愉悦和亲切。
图片来源：罗小未.外国近现代建筑史 [M].北京：中国建筑工业出版社，2004：186

古典主义
Classicalism

　　古典主义是形成于 16 世纪初法国的一种文化思潮，其首要特征是具有为专制王权服务的鲜明倾向。古典主义在审美上十分崇尚古希腊和古罗马文化，以模仿古典时代艺术为主要风格特点。

　　古典主义建筑兴盛于 17 世纪下半叶的法国，随后逐步发展到其他欧洲国家，可以分为广义和狭义两种：广义的古典主义建筑是在古希腊和古罗马建筑的基础上发展而来，古典柱式是这种建筑的显著特征；而狭义的古典主义建筑则是指文艺复兴时期古典主义思潮所代表的建筑形式风格。

　　古典主义建筑强调形式美法则，弱化功能的地位，追求古典建筑中均衡的比例与构图。总体布局、建筑平面和立面造型强调主从关系，突出轴线、讲究对称；常以半圆形穹顶作为构图中心，统领整个建筑；提倡运用横三段和纵三段的统一、稳定的立面构图形式。

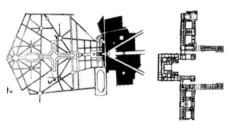

凡尔赛宫规划总平面图　　凡尔赛宫建筑平面图　　卢浮宫东立面比例示意图

凡尔赛宫
（Chateau de Versailles，1661—1689 年）

凡尔赛 法国（Versailles，France）

[法] 安德烈·勒诺特尔（Andre le Notre，1613—1700 年）

[法] 路易·勒伏（Louis le Vau，1612—1670 年）

[法] 儒勒·哈杜安·孟萨尔（Jules Hardouin Mansart，1646—1708 年）

建筑布局讲究对称和几何图形化，主体建筑前面是一座风格独特的法兰西式大花园。宫殿立面采用标准的古典主义三段式处理手法，建筑左右对称，造型整齐、庄重、雄伟，被称为是理性美的代表。

图片来源：罗小未，蔡琬英. 外国建筑历史图说 [M]. 上海：同济大学出版社，1986：138

卢浮宫东立面
（East elevation of the Louvre，1667—1670 年）

巴黎 法国（Paris，France）

[法] 克洛德·佩罗（Claude Perrault，1613—1688 年）

[法] 路易·勒伏

[法] 勒·布朗（Charles le Brun，1619—1690 年）

整个立面长 172m，高 28m，横向构图采用三段式：底层是厚实的基座，中层是两层高的巨柱，顶部是水平厚檐。纵向分五段，以柱廊为主，两端及中央采用凯旋门式的构图，中央部分为山花，主轴线明确，轮廓整齐庄严。

图片来源：佩罗. 古典建筑的柱式规制 [M]. 包志禹，译. 北京：中国建筑工业出版社，2010：34，35

新古典主义
Neoclassicism

18世纪中叶，庞贝古城发掘以及德国学者温克尔曼提出的"完善的美"思想的广泛传播，使得古典主义又一次复兴，此次思潮被称为新古典主义。与古典主义相比，新古典主义更加推崇古希腊文化中理想美的成分，强调将传统设计语言与现代设计手法相结合，依据现代新技术和社会需求，创造出新的风格。

新古典主义建筑早期流行于法国。根据设计方法的不同，新古典主义建筑大体可以分为具象和抽象两种类型。具象的古典主义注重古典原型在建筑中的再现，常采用细致的古典建筑细部，且色彩艳丽，装饰性强，可以融合不同时代的历史风格，具有一定的折中性；抽象的古典主义则注重写意，主张提取并简化古典建筑元素和符号，将古典的雅致与现代的简洁完美融合。

新古典主义建筑既延续着古典形式的传统，又蕴含着现代思想和观念的启蒙，古典形式下包含着理性的功能结构，成为西方社会由古典主义迈向现代主义过程中"现代性"的重要表现。

勃兰登堡门
（Brandenburg Gate，1788—1791年）
柏林 德国
[德] 朗格汉斯
（Carl Gotthard Langhans，1732—1808年）
勃兰登堡门是一座新古典主义风格的砂岩建筑，仿照希腊雅典卫城的柱廊建筑风格。门高26m、宽65.5m、深11m，由12根各15m高，底部直径1.75m的多立克立柱支撑着平顶，东西两侧各有6根爱奥尼柱。前后立柱之间由墙分隔成5个洞门。
图片来源：彭泽琴，王斌.柏林勃兰登堡门德意志兴衰与荣誉的见证[J].城市地理，2019（3）：82，85

西北国民人寿保险公司
（Northwestern National Life Insurance Co. Office Building，1961—1964年）
明尼阿波利思 美国（Minneapolis，USA）
[美] 山崎实
建筑以希腊式庙堂为原型，建筑师将希腊古典柱式的柱廊、檐部、拱券——简化，以一种现代、简洁、朴实的形式表现出来，高雅而精美。
图片来源：刘先觉.刘先觉文集[M].武汉：华中科技大学出版社，2012：190

亚历山德里亚新邻里中心
（Città Nuova，1995年）
亚历山德里亚 意大利（Alessandria，Italy）
[卢森堡] 里昂·克里亚（Leon Krier，1946年—）
里昂·克里亚的设计思想从早期的现代主义理性主义方法中转变而来，是新古典主义的代表人物。这座建筑外观非常像罗马建筑，也是克里亚"建筑是城市的缩影"理念的一个体现。
图片来源：http://scalpello.blogspot.com/2011/08/leon-krier-alessandria.html?view=mosaic

拼贴
Collage

"拼贴"最初是作为一种绘画概念，含义是把破碎的材料，如废弃的报纸、纸片、布料等拼贴在画板上的综合黏贴手法。

建筑领域的拼贴概念来自于柯林·罗（Colin Rowe，1920—1999 年）和弗瑞德·科特（Fred Koetter，1938—2017 年）合著的《拼贴城市》一书，主张在城市建设中，应在尊重原有城市背景的基础上充分结合城市结构，利用简单—复杂、创新—传统、私人—公共等多种元素的拼合，和谐地构建多样化城市。站在城市更新的角度，在城市充斥着现代主义建筑的今天，"拼贴"是新建筑与旧建筑共融而形成的特殊的城市景象。因而"拼贴城市"归根结底还是拼贴建筑。

拉斯维加斯的城市建设是当代践行拼贴城市思想的经典案例。尽管建筑是现代的，却保留着传统的风格，遵循着古典秩序与规律，由古代城市模式来支撑。它的尺度是大都市的，这是现代交通的需要。设计师在设计中使用了计算机技术，将传统城市设计与创新技术手段相结合，集中体现了拼贴城市的主要思想。

典型案例

左：《无题》（1937 年）

［德］库特·史威特
（Kurt Schwitters，1887—1948 年）
库特以拼贴手法著称，他开创的混合材料拼贴画艺术为波普艺术铺平了道路。
图片来源：http：//drgeoffsnell.com/tag/das-undbild/

右：19 世纪的德国慕尼黑城市规划设计

［德］列奥·冯·克伦策
（Leo Von Klenze，1784—1864 年）
他主持设计的慕尼黑"作为一种美术馆的城市，一种以文化和教育为目的的城市"，充分体现了拼贴城市的思想。在这里，人们可以感受到佛罗伦萨、中世纪、拜占庭、罗马和希腊众多风格混合的景象。
右上：1840 年慕尼黑城市图底平面
右下：19 世纪多种风格包容的城市面貌
图片来源：罗，科特.拼贴城市 [M].童明，译.北京：中国建筑工业出版社，2003：112，113

原指依照织物的经纬线把破的地方补好，是一种将破碎缝补衔接的方法。

建筑学所讨论的"织补"来源于拼贴城市理论，是一种应对城市文脉断裂问题的具体化措施。在面对现代城市片段化问题时，柯林·罗提倡从古代城市中寻求解决办法，他把注意力集中在了罗马城——一座能在片段中不断进行自我更新而不失整体性的城市。柯林·罗通过文脉主义的方法来解决拼贴城市在空间感受上遇到的问题。20 世纪下半叶，西方处于寻求回归城市的阶段，柯林·罗的思想得到了更宽广的实践机会，人们把关注点从微观城市环境逐步扩展到宏观的城市空间上，并最终发展成"织补"的概念。

20 世纪 70 年代末的柏林城市织补建设是当代集中反映"织补"思想的实践。此次柏林城市建设的本质目的，在于鼓励探索找寻适合于自身的城市设计模式和建筑类型，并重新织补被战争破坏的城市历史文脉和建筑肌理。

典型案例

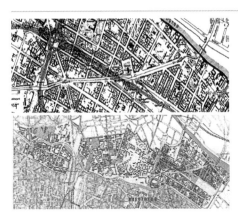

柏林城市织补建设中的国际建筑展览会
（International Bauausstellung Archtecture，简称 IBA）

IBA 城市织补建设的设计准则是基于"批判的重构"，在遵循旧城区街道、街区空间、建筑边界、建筑体量、视线高度等结构元素的基础上实施适应新的城市经济建设与居住需求的建筑改造模式。

上：20 世纪 60 年代规划的 IBA 旧区

下：20 世纪 80 年代建设后 IBA 基地总图（包含 IBA 旧建筑项目和 IBA 新建筑项目）

图片来源：HAMER，WALTHERR H. Step by Step Careful Urban Renewal in Kreuzberg, Berlin /Internationale Bauausstellung Berlin 1987[M]. Berlin : Michael Kraus & Carola Wunderlich, 1989 : 23，41

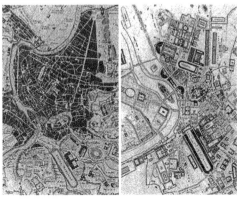

尽管政权上经历了教皇、帝王之间的变更，但城市并没有因此分崩离析，相反，在冲突的间隙中，其城市面貌变化依然存在着平和的特征。

左：1551 年的罗马城

右：1834 年的罗马城

图片来源：罗. 拼贴城市 [M]. 童明，译. 北京：中国建筑工业出版社，2003：165，167

拼贴城市
Collage city

　　拼贴本是一个艺术领域词汇，指将多种材料或物品残片拼接粘贴于画面，以形成新的图案或抽象表现的绘画创作手法，是后现代波普艺术的一种。后来，建筑理论家和城市历史学家柯林·罗与弗瑞德·科特在二人合著的《拼贴城市》一书中将"拼贴"引入建筑领域，表达一种建筑与城市之间的关系，并首次提出"拼贴城市"概念。拼贴城市理论认为一个城市的生长、发展是由不同功能的部分拼贴而成，主张未来的城市规划设计应利用城市结构的拼贴元素，比如通过简单—复杂、传统—创新、私人—公共等对立因素的拼合来建构并丰富城市的内涵。拼贴城市理论的核心是和谐，在已有的城市结构背景下，对不同时代、地域、功能的元素进行叠加时，应当结合整个城市结构共同考虑，不可随心所欲。

　　在当代城市规划与设计中，建筑师如何处理好现代与传统的关系，传承城市文脉是关键。拼贴城市理论则为建筑师提供了一种深层次的理念，在空间上融合人、建筑与自然，在时间上融合现代与传统，因而对于当代城市建设依然具有很大的启示意义。

《拼贴城市》
（*Collage City*）

[美]柯林·罗，弗瑞德·科特
童明译，中国建筑工业出版社，2003 年。
本书是对现代城市规划设计理论的哲学批判。在书中，作者认为城市具有复杂多元性，城市设计应是自身条件和传统价值结合的产物，要尊重城市肌理，注重地域文化与文脉的多样性，及其与环境的协调。

在 1925 年巴黎 "伏瓦生规划"（Plan Voisin）中，柯布西耶区别于针对地方性特殊的细节，更多的是对应于一个重构的社会思想，旨在建立一个凤凰的标志——旧世界中的乌托邦，试图引起人们对于现代城市建设的关注与反思。他以高层的矩阵布局，将现代性与传统城市相割裂，成为现代城市景观的原型，影响久远。

左：伏瓦生规划图底关系图
下：伏瓦生规划效果图
图片来源：罗，科特.拼贴城市 [M].童明，译.北京：中国建筑工业出版社.2003：5，74

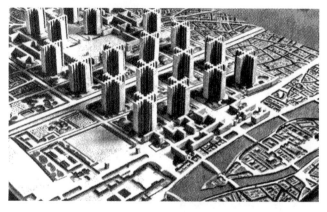

紧缩城市
Compact city

　　此概念最初是由勒·柯布西耶、简·雅各布斯（Janed Jacobs，1916—2006 年）等学者针对城市环境恶化、交通拥堵以及郊区化、逆城市化等问题提出的。后来，《紧缩城市：一种可持续发展的城市形态》一书详细讨论了有关高密度城市生活的各种利弊，汇集了关于城市形态的各种观点和研究，指出紧缩城市是一种通过遏制城市空间尺度无序蔓延，来达到一种高效、高密度、功能混合的城市形态的规划理念，并进一步探讨了紧缩城市理论对发达国家城市的影响。实质上，紧缩城市理论提出了大城市的现实问题，主张保持人口密度，提倡利用新技术创造一个现代化的密集型城市，即"紧缩城市"。其核心内容是高密度、高质量、功能混合、紧凑高效、压缩城市空间规模、节约用地，以开发空间、能源、时间均可集约化的城市发展模式。

　　随着可持续发展理念的兴起，紧缩城市作为一种可持续发展的城市形态，在当代城市规划与建设中为人们提供一种健康、高效、可持续的城市发展模式。具体到中国现代城市规划设计中，设计师应比对中国不同于西方的国情和发展现状，总结出该理论在中国应用时应注意的问题，因地制宜地加以运用以达到增加城市活力、改善城市生态环境、提高城市宜居性的目的。

概念术语

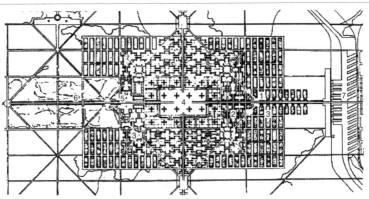

勒·柯布西耶的 300 万人口现代城市的城区设想草图

1. 中心区楼群；2. 公寓地区楼群；3. 田园城区（独立住宅）；4. 交通中心；5. 各种公共设施；6. 大公园；7. 工厂区

图片来源：柯布西耶. 光辉城市 [M]. 金秋野，王又佳，译. 北京：中国建筑工业出版社，2011：166

《紧缩城市：一种可持续发展的城市形态》
（*The Compact City：A Sustainable Urban Form*）

[英] 迈克·詹克斯（Mike Jenks）、
伊丽莎白·伯顿（Elizabeth Burton）等编著
周玉鹏，龙洋等译，中国建筑工业出版社，2004 年。
本书提出紧缩城市理论，即在满足功能和需求的基础上将城市紧缩化利用，并阐述运用该理论后所能产生的社会经济效应。同时围绕交通与城市服务设施来解释环境与资源在紧缩城市中的利用方式，并提出了可能的交通实施方案。此外，作者还通过实际城市案例的分析来评价紧缩城市理论的可实施性。

构成
Composition

指根据视觉规律、审美法则、力学原理或心理特性等将一定的形态元素进行创造性的组合。

现代建筑学把设计看作是要素与要素的构成，这一观念始于巴黎艺术学院。依照这种观点，建筑的构成实际就是确定空间要素的形态与布局，并在三维空间中将它们进行组合，进而创造出一个整体。建筑师的任务就是在某种构思指引下，将各部分集中、融合在一个具有一定规则、秩序，兼具艺术性、实用性和技术性的整体之中。

构成主义始于 1917 年。彼时的俄国在马克思主义的刺激之下结束了漫长的革命，新的思想和社会形态为信奉文化革命和进步观念的构成主义在艺术、建筑学和设计方面提供了大量的实践机会。构成主义主张用现代的物质和技术手段进行大规模建造，以满足现代生活对建筑提出的功能要求和经济要求。在苏联建筑师维斯宁（A.A.Vessnin，1883—1959 年）的领导下，构成主义建筑师组成了"现代建筑师联盟"（OCA，1925—1930 年），成为苏联建筑的主要流派之一，对苏联建筑的现代化起到了极大的推动作用，并同西欧的现代主义建筑互有影响。

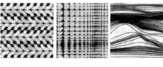

平面构成主要是运用点、线、面三种基本图形元素，通过重复、变异、渐变、放射、肌理等手法变化组成结构严谨，既富有极强的抽象性和形式感，又具有多方面实用性和创造力的设计作品。如果说平面构成是基本元素在二维平面中的创造表现的话，那么立体构成就是二维平面形象进入三维立体空间的构成表现，是一个由分割到组合或由组合到分割的过程。同时，立体构成也是材料、工艺、力学、美学多方面的融合，是艺术与科学相结合的体现。
图片来源：佟燕.浙江美术学院工艺系学生习作选：平面构成 [M]. 杭州：浙江人民美术出版社，1985:4,5,7,12,15

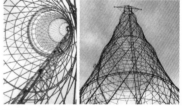

沙博洛夫卡广播塔
（Shabolovka, 1922 年）

莫斯科 俄罗斯（Moscow, Russia）

［苏联］弗拉基米尔·舒霍夫
（Vladimir Grigoryevich Shukhov, 1853—1939 年）

广播塔高达 150m，由一系列堆叠的双曲线钢骨交织构成，拥有精致的网状结构，是一个极具开拓性、时代性的作品。
图片来源：WELL M. Engineers：A History of Engineering and Structural Design[M]. London：Routledge，2008：243

构成在绘画领域应用极为广泛。
1：［俄］康定斯基（Wassily Kandinsky, 1866—1944 年）
2：［荷］蒙德里安
（Piet Cornelies Mondrian, 1872—1944 年）
3、4：吴冠中（1919—2010 年）

　　具有长成、形成、养育等意思，是将一些单元或元素聚合在一起的结果。相同的元素或单元根据不同的组织法则（或结构），可以创造出不同的建筑形式。这一过程与自然界中许多自然形式构成的现象相似。

　　"生成"一词用于建筑领域具有建造和设计的意思。例如，建筑表皮的生成，实际上是源于对细部与构造、结构与空间重要性的理解和思考，是对建筑整体性设计理念的逆分解过程。也就是说，概念、整体和细部既是作为一个完整的体系共同存在，也可认为是一种分解了的生成秩序。每一个环节在不同的设计中都可能成为生成的原点，因此都需要特别的关注。

　　当代建筑设计中，计算机三维技术与参数化软件推动了建筑表皮的数字化生成。建筑师多运用参数化三维软件生成建筑体块、空间形式或结构关系，并通过改变参变量数值获得多种解决方案，将设计方案的生成过程动态模拟出来。

典型案例

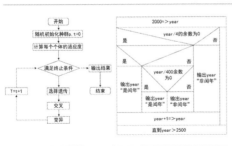

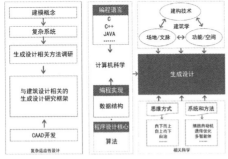

上：计算机算法生成流程的不同图解
下：图解建筑生成设计

图片来源：李飚，季云竹.图解建筑数字生成设计 [J].时代建筑，2016（5）：41，42

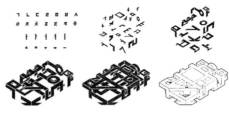

上海世博会韩国馆
（Korea Pavilion for Shanghai Expo 2010，2010 年）

上海 中国

[韩]Mass 建筑设计事务所

韩国馆建筑表皮由两种像素覆盖而成："韩文字母（Han-geul）像素"以浮雕形式呈现在白色复合铝板上，覆盖大部分建筑表面；由艺术家设计的"艺术像素"通过数码印刷技术被制成彩色复合铝板，覆盖于其余表面。二者经过变形、三维折叠，交织形成建筑主要表皮。

图片来源：Mass Studies.，KIM Y K，SHIN K. 2010 年上海世博会韩国馆描绘空间的符号 [J]. 城市环境设计，2013（11）：164，165

构造
Construct

在现代汉语中指各个组成部分的安排、组织和相互关系。后常用于地质学，指地质构造。

建筑学领域的构造是一个复杂的概念，所形成的建筑构造学是研究建筑物各组成部分的组合构成原理和构造方法的学科，涵盖了结构力学、几何学、逻辑学、材料学等多方面的内容。建筑构造学旨在根据建筑物的使用功能、技术经济和艺术造型的要求提出合理的构造方案，为建筑设计提供依据。

建筑构造是地域文化与建筑文明经长期沉淀而来的技术与艺术，东西方不同的地域特征造就了不同的历史文化和建筑文明。因此，东西方建筑构造表现出了明显的差异，如农业文明主导的中国古代木结构建筑构造和海洋文明主导的古希腊石材建筑构造。

一般来讲，现代建筑的构造部分包括主体构造和细部构造两部分，主体构造主要有基础、墙体、楼板、楼梯、屋顶等，细部构造有散水、勒脚、台阶等。

典型案例

《营造法式》中大木作构造示意图

1- 飞子；2- 檐椽；3- 橑檐枋；4- 斗；5- 栱；6- 华栱；7- 下昂；8- 栌斗；9- 罗汉枋；10- 柱头枋；11- 遮椽板；12- 栱眼壁；13- 阑额；14- 由额；15- 檐柱；16- 内柱；17- 柱櫍；18- 柱础；19- 牛脊槫；20- 压槽枋；21- 平槫；22- 脊槫；23- 替木；24- 襻间；25- 驼峰；26- 蜀柱；27- 平梁；28- 四椽栿；29- 六椽栿；30- 八椽栿；31- 十椽栿；32- 托脚；33- 乳栿（明栿月梁）；34- 四椽明栿（月梁）；35- 平棊枋；36- 平棊；37- 殿阁照壁板；38- 障日版（牙头护缝造）；39- 门额；40- 四斜毬文格子门；41- 地栿；42- 副阶檐柱；43- 副阶乳栿（明栿月梁）；44- 副阶乳栿（草栿斜栿）；45- 峻脚椽；46- 望板；47- 须弥座；48- 叉手。

图片来源：潘谷西 . 中国建筑史 [M]. 7 版 . 北京：中国建筑工业出版社，2015：268

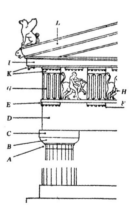

多立克柱式构造

多立克柱式比例粗壮，高度约为底径的 4~6 倍，柱身布有凹槽，槽背呈尖状，无柱础，直接立在三级台基之上。其主要构造有 A. 柱身；B. 柱头（柱帽）；C. 檐底托板；D. 额枋；E. 边条；F. 钉头饰；G. 三陇板；H. 嵌板（由三陇板与嵌板组成的部分统称檐壁）；I. 檐冠；K. 椽头；L. 檐口。

图片来源：罗小未，蔡琬英 . 外国建筑历史图说 . [M]. 上海：同济大学出版社，1986：41

构筑
Tectonic

　　常与建构并称，原指木匠或建造者的营造，后从专业的、体力劳作的木工演变成一般的制作概念。构筑概念起源于德国哲学，后引入建筑学领域，形成构筑学。西方古典构筑思想认为建筑由基础、火炉、屋架与屋顶、封闭的表皮四个构成要素组成，分为"中心"及"包覆"两部分，同时提出"局部与整体"的观念。随着西方构筑学的发展，现代研究者基于以上经典构筑理论将构筑定义为"构造的诗性"，强调结构之间的连接是建筑最小的元素单位，重视建筑细部的表达，其构造表现不仅要满足使用的需求，更应该符合意识与情感的需要。从这一层面上看，构筑不仅属于技术范畴，更属于美学范畴。

　　构筑的属性和特征主要表现在三方面：其一是遵循结构与构造关系、力学规律的逻辑性；其二是重视视觉审美与美学原则的艺术性；其三是在建造实施过程中能保持以上特征的过程性。可以说，它是设计、构建和建造三类过程的集合体，是建筑设计和建筑施工整个过程的技术性与艺术性的再现。

典型案例

《建构文化研究——论 19 世纪和 20 世纪建筑中的建造诗学》
(Studies In Tectonic Culture)

[美]肯尼思·弗兰姆普敦（Kenneth Frampton，1930年—）
中国建筑工业出版社，王骏阳译，2007年。
弗兰姆普敦的建构观念强调建筑本质上是一种建造的技艺，这不仅是对整个现代建筑传统的反思，更是对以后现代主义主流思想的一个有力挑战，同时也为现代建筑界开辟了一条别开生面的道路。

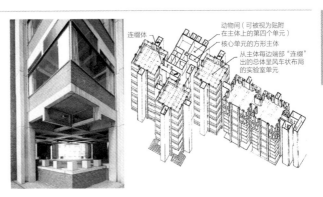

动物间（可被视为贴附在主体上的第四个单元）
连缀体
核心单元的方形主体
从主体每边端部"连缀"出的总体呈风车状布局的实验室单元

理查德森医学研究大楼
(Richardson，the Medical Research Building，1957—1964 年)

宾夕法尼亚州 美国（Pennsylvania，USA）
[美]路易斯·康（Louis Isadore Kahn，1901—1974 年）
理查德医学研究大楼是路易斯·康展现出其多样化建构手法的代表作品。它在所有可能的尺度上使用了空心结构，同时又着力表现主要功能空间和辅助空间之间的区分和连接。在这个建筑里，结构意味着一种空间生成的潜在母体，建筑师尝试使用的一种空心隔板，使结构之间的连接呈现出一种有机的状态。
图片来源：汤凤龙 . 间隔的秩序与事物的区分：路易斯·康 [M]. 北京：中国建筑工业出版社，2012：184，186

文化
Culture

源于《易经》:"观乎天文以察时变,观乎人文以化成天下",意思是通过观察天上的纹路来判断觉察时间、气象的变化,通过观察人的行为来教化天下。《中国大百科全书》指出,广义的"文化"指人类社会历史发展过程中所创造的物质财富和精神财富的总和,包括物质文化、行为制度文化和知识、观念及价值观等心理文化三个方面。

建筑文化同样也有三个层次的内涵:一是表层形态,即建筑实体文化,是人类创造的物质文化与精神文化的物化形态,如建筑物、雕塑等;二是中层形态,强调心物结合,本质上是一种规范文化,如各种规范和创作理论等;三是扎根于心的深层形态,指长久以来历史文明发展过程中所形成的群体心态共识,如伦理宗教、民族习性和价值观念,在建筑上多体现为极具民族文化、地域文明特色的建筑符号文化和建筑理念文化等。从宏观的建筑文化角度来看,不同时期、不同地域、不同民族的建筑文化具有不同的特点,并随着社会的演变发展和历史文化的积淀呈现出不同的建筑风格和建筑内涵。

文化是创作的重要根基。当代建筑师在设计创作中必须重视文化的深层表达,创造出扎根于本土,能够在精神层面、制度层面反映民族文化、时代特色的好的建筑作品。

参考书目

《中国建筑史》

梁思成(1901—1972年)
百花文艺出版社,2007年。
本书完成于1944年,是第一部由中国人自己编写的比较完善、系统的中国建筑史。梁思成是首位运用现代科学方法研究中国古代建筑的学者。他在本书中以融东西方文化于一体的研究方法,针对每一具体的历史时期,先将文献上该阶段的建筑活动表述于前,并将相关的政治、经济、文化背景简要穿插其中,内容严谨、图文翔实。

《现代建筑:一部批判的历史》
(*Modern Architecture : A Critical History*)

[美]肯尼思·弗兰普顿
张钦楠等译,三联书店,2004年。
作者客观而精到地梳理了18世纪中期至20世纪90年代的建筑发展线索,建筑及建筑艺术的文化内涵和人文关怀贯穿始终。复杂纷繁的现代建筑文化脉络在作者对这一时期建筑思潮及流派、建筑师代表和经典建筑作品的精彩描述中变得清晰可循。

《20世纪世界建筑精品集锦》

[美]肯尼思·弗兰普顿
[美]R.英格索尔(Richhard Ingersoll,1949年—)
申祖烈,刘铁毅译,中国建筑工业出版社,1999年。
本书通过对20世纪欧洲、北美、南美和非洲等世界各地经典案例的分析,详尽阐述了一百年来世界建筑历史和建筑文化的发展,充分展示了世界各地区、各民族以超越地理和文化的差异所呈现出来的高度建筑文明。

出自语言学范畴，是指介于各种元素之间、局部与整体之间的内在联系。文脉的概念包含两个层次：一是具有横向时空的关联，即共时性内容；二是具有纵向时空关联，即历时性内容。对于文脉的思考，首先是对符号的意义和功能的思考，其次是对现代建筑语言的深刻认识。

建筑领域的文脉主义始于 20 世纪 60 年代，与后现代主义运动的发展密切相关。1977 年，后现代主义代表人物罗伯特·斯特恩（Robert A. M. Stern，1939 年—）将文脉主义、装饰主义和隐喻主义归纳为后现代主义的主要特征，他强调"建筑是全体的一部分""新的建筑要同环境相适应"。文脉主义强调建筑群中个体与群体的关系，注重新建筑在视觉、心理、环境上与老建筑的对话，使其作为历史、文化的反映而有机地融入环境之中。

文脉理论为建筑地域性以及本土文化的传承和创新，提供了重要的理论依据和方法论体系。在当代建筑与城市设计创作中，设计师应注重整体的时空关联性，协调新旧建筑关系、建筑与环境关系，从更深层次考虑场地的城市意义，重视建筑与环境的有机结合并考虑传统的沿袭，使得建筑更好地融入区域的文脉之中。

参考书目

《广义建筑学》
吴良镛（1922 年—）
清华大学出版社，1989 年。
根据广义建筑学观点，建筑学是地区的、建筑形式的意义来源于地方文脉，是对地方文脉的一种承载和诠释。因此，建筑学的问题和建筑学的未来发展，最重要的是根植于本国土壤、本区域文化与文脉，在此基础上吸取外来文化精华，将二者有机融合，形成"和而不同"的多元化人类社会。

《现代建筑理论》
刘先觉（1931—2019 年）
中国建筑工业出版社，1999 年。
本书全面而系统地归纳总结了现代主义设计思潮，涵盖建筑设计方法论和建筑哲学思想两大方面内容。书中第二章概述了文脉主义建筑观的内容。

《后现代建筑语言》
（ The Language of Post-Mordern Architecture ）
[美] 查尔斯·詹克斯
李大厦译，中国建筑工业出版社，1986 年。
后现代建筑对强调功能性的现代主义建筑和城市规划进行批判，将城市文脉提到新的高度。书中所论述的后现代建筑隐喻语言、象征语言、符号语言，以及强调的建筑地域性、历史性都揭示了文脉对建筑外在形态与内在空间的深层影响。

装饰
Decoration

　　原指人们日常生活中的打扮装束。设计中的装饰是指为提升人们生活境界而进行的一种目的性的美化活动，它的内涵包括两个层面：其一可视为一种几何形态，遵循某种组合方式、系统原则或其他法则，结合或分割成为新的状态；其二可视为以某种几何形态为内容，并依据使用者的需求和计划而产生的一种美化手段。

　　建筑装饰不仅指能够美化装点建筑的外饰物，而且涵盖建筑物从整体到局部、从造型至功能中能对视觉要素产生影响的所有设计性活动。从这一角度来说，建筑装修、室内装饰等都属于装饰范畴。建筑装饰不仅能够直接参与并深化建筑的造型，创造或提升其审美价值，也作为最易被视觉辨认的媒介而在建筑中发挥识别、度量及象征的作用，并对建筑的创作意图和表现方式等方面起到强化的作用。

　　东西方古典建筑结合自身结构、构造形成多样化的装饰方式，使其表现出明显的差异化特征。现代建筑装饰起源于 20 世纪初的工艺美术运动，很多欧洲国家的现代室内装饰也依稀可见文艺复兴时期巴洛克、洛可可的风格特征。西方建筑装饰艺术的发展对欧洲乃至全世界丰富多样的室内设计流派的形成都产生了重大影响。

典型案例

上：西方古典建筑重在表现柱式的装饰。图为古希腊科林斯柱式，柱头用莨苕纹样，似盛满花草的花篮，有很强的装饰性。
图片来源：克鲁克香克．弗莱彻建筑史 [M]．郑可龄，等，译．北京：知识产权出版社，2011：126

下：中国古建筑的飞檐旨在表现"如翼似飞"的意象，不仅满足采光、排水等功能，也满足装饰性需求，使建筑有一种飞翔轻快的动态感。
图片来源：刘敦桢．中国古代建筑史 [M]．北京：中国建筑工业出版社，1984：167

凡尔赛宫镜厅，路易十四时期
（ Hall of Mirrors in Palace of Versailles，Louis XIV ）
巴黎 法国
[法] 朱尔斯·阿杜安·芒萨尔
（ Jules Hardouin Mansar，1646—1708 年）
室内装饰纤巧、精致，纹饰繁复，细腻柔媚的不对称手法以及对弧线与 S 形线的运用，属于 17 世纪法国典型的洛可可风格。
图片来源：贝纳沃罗．世界城市史 [M]．薛钟灵，等，译．北京：科学出版社，2000：721

米拉公寓植物楼梯
（ Casa Mila，1906—1912 年）
巴特拉公寓室内
（ Casa Batllo，1904—1906 年）
巴塞罗那 西班牙（ Barcelona，Spain ）
[西] 安东尼·高迪·克尔内特
（ Antonio Gaudi Cornet，1852—1926 年）
19 世纪 90 年代，新艺术运动在欧洲蓬勃发展，高迪的作品摒弃传统的装饰，倡导自然风格，装饰上突出表现曲线与有机形态。
图片来源：徐芬兰．高迪的房子摄影集 [M]．石家庄：河北教育出版社，2003：218

符号
Symbol

指人们约定俗成用来指示某一对象的标识，其内涵包括两方面：一指作为精神意识的载体和外化的呈现；二指直接作为被感知的客观形式。后现代主义常将符号、装饰和隐喻作为建筑的主要表现特征。建筑领域的符号理论源于 20 世纪中叶的威尼斯学派，其理论根源是符号学。现代符号学有三大理论：索绪尔符号理论、皮尔斯符号理论，以及莫里斯符号理论。

建筑符号理论认为，任何符号都有能指和所指两方面，即形式空间和建筑内容，人们先通过感官来体验建筑表象所反映的特征，再通过对这些特征的进一步认识来理解建筑具有的内在形式与内容。通常，建筑符号分为 3 类：1. 图像符号（icon），指建筑形式与内容之间存在着形似的关系；2. 指示符号（index），指建筑形式与内容之间存在一种实质性的因果关系；3. 象征符号（symbol），指建筑形式与内容之间建立起的任意性关系，也就是一种约定俗成的关联。理想的符号表现要经历一定的社会化过程，是一个从抽象到具象的过程。

符号学在建筑设计创作中的运用主要体现在后现代主义建筑中。后现代主义建筑师常常运用隐喻、象征等手法使得建筑符号以各种形式出现，并都具有一定的所指。

典型案例

《符号·象征与建筑》
（ Signs, Symbols and Architecture ）
[英]G. 勃罗德彭特
乐民成等译，中国建筑工业出版社，
1991 年。
这是一本有关建筑符号学理论的论文集，不仅探讨了建筑符号学的一般性问题、符号学方法的应用，还以意大利为主，介绍了建筑符号学理论研究的有关情况。此书称得上是一部建筑符号理论的入门指南。

罗比住宅
（ Robie House ）
伊利诺伊州 美国（ Illinois，USA ）
[美]弗兰克·劳埃德·赖特
罗比住宅坐落于美国中西部广阔的草原，赖特提取延展开阔的大屋檐、极富韵律美的绚丽彩窗等典型草原风格建筑符号进行设计，简单的几何体经过平面及立面的抽象变形后形成一座独特经典的"草原之舟"。

北京香山饭店
（ Fragrant Hill Hotel，1979—1982 年 ）
北京 中国
[美]贝聿铭
贝聿铭运用大量中国传统建筑中"窗""门"的原型做设计，如墙壁上的古典纹饰与镂空等，以大量象征性符号强调建筑的文化特征。
图片来源：李晓樯，吴巍. 中国传统建筑装饰艺术的文化传承 [J]. 中外建筑，2013（2）：67

图解
Diagram

从词源上看，"dia"有二元对立、剖析之意，"gram"指代字母或图形，"diagram"即指用图形对目标进行剖析而得到结论。《辞海》中对"图解"的解释是利用几何作图的方法去解决某些数学上的计算问题。例如运用图解法解方程或方程组，以及积分和微分等。图解被广泛应用于生物学、数学等研究领域，用以演示事物发展的过程。

建筑学领域的图解通常理解为建筑师运用速写草图的方式来帮助推敲方案的一种方式。在设计的构思阶段，建筑师常常会利用图解来提高方案的效率，而且也利于表达出设计想法。图解被认为是建筑物的图形表现，在科学迅速发展的今天，传统图解已在计算机技术的介入下日趋多样化，被赋予了更多设计意义，是建筑创作的重要辅助手段。

图解思考方法仍然是当代建筑师运用最多的设计方法之一。

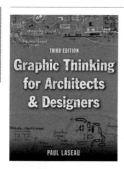

《图解思考》
(Graphic Thinking for Architects and Designers)
[美] 保罗·拉索
(Paul Laseau, 1937 年—)
威立（Wiley）出版社，2000年。
本书运用绘画语言，进行图示、分析与表达，刺激图形思维，引入了许多可以应用于各种情况的图形技术，包括准确表达设计概念的草图、具有代表性的施工图、图形笔记和图表。

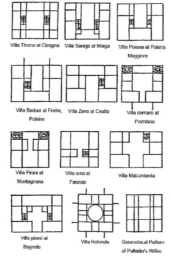

帕拉第奥别墅类型分析图解

[英] 鲁道夫·维特科维尔
(Rudolf Wittkower, 1901—1971 年)
图片来源：沈克宁.建筑类型学与城市形态学[M]. 北京：中国建筑工业出版社，2010：11

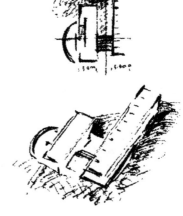

芦屋小邸及扩建（1979—1984 年）

日本芦屋小邸及扩建概念草图，主要展示其空间层次和几何构图。
[日] 安藤忠雄（Ando Tadao，1941 年—)，1995年普利兹克建筑奖获得者。
图片来源：安藤忠雄.安藤忠雄论建筑 [M]. 白林，译.北京：中国建筑工业出版社，2003：16，17

　　该词最早出现在康德的哲学著作中，格式塔心理学也对图式给予了理论上的重视。图式一般表示人们在脑海中形成的固定的知识网络，这些认知结构在人们处理相关信息时会影响人们的思考方式。

　　图式在建筑学中也被作为核心词汇之一引起广泛的兴趣和关注。现代的图式思维理论由于应用了最新的科学分析方法，已把传统的建筑设计工作提升到了一个新的高度，它不仅能够引导初学者入门，而且对于设计师也有启发构思、促进创造的作用。著名建筑评论期刊 *The Architectural Review* 及其他专业杂志先后组织过理论与实践的专辑，论述图式在建筑学中的重要性及其应用。

典型案例

《建筑：形式、空间和秩序》
(*Architecture：Form Space and Order*)

[美]程大锦（Frank Ching，1943年— ），天津大学出版社，2008年。
本书深入浅出地阐述了建筑基本元素之间的内在关系，分析建筑的形式、空间、结构及其深层次的秩序之间的内在逻辑。

《图解日记》
(*Diagram Diaries*)

[美]彼得·埃森曼（Peter Eisenman，1932— ）
出版者尤尼弗斯（Universe），1999年。
埃森曼将"图式"定义为"让建筑走向自身话语"的重要部分。与关注政治、社会条件、文化价值观等外部现象或元素的传统建筑学不同，他认为建筑应该努力实现自己的内在性和潜在可能。

●●●●●	5	"5"
图形 Figure	图象 Image	图式 Schema
物体作用于人脑的图形	对5个点摹写性的图象	形成5这个数目的思维
客观存在	物理记录	思维图式

康德以5个点来阐述"图式"在视知觉形成过程中所起的关键作用，依照康德图式学说，人类对于事物的深度认知过程可梳理为"现象——图像——图式——概念"，在此过程中，图式是人脑中已有的知识经验网络，也是人类与外部环境互动的中介因素。
图片来源：魏春雨，刘海力.图式语言从形而上绘画与新理性主义到地域建筑实践[J].时代建筑，2018（1）：190

折中主义
Eclecticism

哲学术语，源自希腊文，意为"有选择能力的"，常用来形容无独立的观点和固定的立场，把各种理论机械地组合在一起的思考方式。

在建筑中，折中主义指的是一种不具备固定法式的、只追求比例均衡和形式优美的建筑风格，其特点是博采众长，效仿各种历史建筑形式，并进行自由组合，又被称为"集仿主义"。

折中主义建筑风格最早出现于 19 世纪上半叶到 20 世纪初，它的产生与新兴资产阶级、新时代和新技术的出现密切相关。资本主义的胜利使得建筑样式无须再承担政治意义，人们开始寻求多样的建筑来满足多种功能，于是建筑风格开始出现杂糅的状态。这种创作风格多从古典主义和浪漫主义中汲取灵感，并试图填补两者的局限。早期以法国为代表，后期则是美国。立面设计和室内装饰是折中主义风格的主要体现点，立面构图上主要采用古典形式，而装饰上则以巴洛克风格和洛可可风格最为常见。此外，近代中国提倡洋为中用，折中主义也成为这一时期重要的建筑设计风格。

巴黎歌剧院
（Opera de Paris，1861—1875 年）

巴黎 法国
[法] 查尔斯·加尼叶
（Charles Garnier，1825—1898 年）
巴黎歌剧院是折中主义建筑的典型范例，它主要结合了古希腊、罗马式柱廊，巴洛克等几种建筑风格。
图片来源：高祥生.巴黎歌剧院的"折中主义"风格 [J].建筑与文化，2019（4）：245

圣心大教堂
（Basilique du Sacré-Coeur，1876—1919 年）

巴黎 法国
[法] 保罗·阿巴迪
（Paul Abadie，1812—1884 年）
圣心大教堂长 85m，宽 35m，建筑材料采用了一种叫"伦敦堡"的特殊白石，建筑内部是罗马和拜占庭建筑风格。建筑顶部建有一个高 55m，直径 16m 的大穹顶，四周为四座小圆顶，又具有伊斯兰情调。
图片来源：朱子仪.欧洲大教堂 [M].上海：上海人民出版社，2017：116

上：北京辅仁大学主楼
（1929—1930 年，今北京师范大学继续教育学院）

[荷] D. 阿尔贝特·赫斯尼特
（Dom Albert Gresnigt，1877—1965 年）
图片来源：张林，刘丽晶.20 世纪初"传统复兴式"建筑风格初探：以辅仁大学主楼为例 [J].建筑与文化，2017（3）：72

下：金陵女子大学
（1913—1915 年，今南京师范大学随园校区）

[美] 亨利·墨菲
（Henry Killam Murphy，1877—1954 年）
亨利·墨菲主持设计的建筑项目很多都属于中国近代折中主义建筑，比如金陵女子大学、北京燕京大学、南京灵谷寺等。
图片来源：李若水.墨菲"适应性建筑"中的明清官式建筑元素 [J].中国文化遗产，2020（1）：82

也被译为"风格主义",指的是一种艺术风格,主要存在于 1520—1600 年间的意大利及法国、荷兰等地,原意为伴有矫饰之意的举止、风格,最早该词仅用于绘画,指一幅画是"以某某手法创作而成的"。

在建筑学上,手法主义主要指的是一种建筑艺术风格,在 16 世纪的意大利建筑中占据主导地位,它产生于文艺复兴时期至巴洛克风格之间,并为后期的巴洛克建筑风格奠定了基础。手法主义在建筑上强调空间的透视感和抽象符号空间的现象化以获取戏剧性的效果,认为运用不平衡、对比、夸张、变形等手法也可以产生美,并注重具有情感体验的建筑空间。

以手法主义著称的建筑师,如矶崎新,往往在设计创作中致力于对古典主义的全新探索并对现代主义进行反抗,这不仅为人们提供了一种新的美学观点,也在很大程度上赋予当今建筑以元素多样性和矛盾现实性等社会典型特征。

典型案例

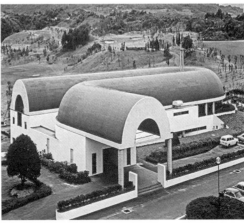

劳伦齐阿纳图书馆
(Biblioteca Medicea Laurenziana,1523—1571 年)
佛罗伦萨 意大利(Florence, Italy)
[意] 米开朗琪罗·博那罗蒂
(Michelangelo Buonarroti,1475—1564 年)
进入图书馆的门厅面积很小但很高,唯一的出口是从藏书室的门口冲泄而出的高高的楼梯。这种非常规的对比,运用古典元素来营造紧张感和戏剧冲突性,是典型的手法主义。这也是楼梯首次被放在空间内的醒目位置,并作为装饰对象,揭示了楼梯的审美可能性。
图片来源:渊如,Susan.劳伦齐阿纳图书馆 [J].环球人文地理,2019(1):108

富士乡村俱乐部
(Fujimi Country Club,1980 年)
静冈 日本(Shizuoka, Japan)
[日] 矶崎新
富士乡村俱乐部被赞为当代最具有帕拉第奥别墅理性美风采的建筑作品。矶崎新运用基础方圆几何形为设计构图母体——犹如女性婀娜身姿般的半圆拱顶、管筒体两端的山墙面和入口门廊,这些几何形式极具古典美。建筑鸟瞰形似一个问号,又似一支高尔夫球曲棍,这是手法主义典型的隐喻特征。
图片来源:邱秀文.天才的手法和引喻大师矶崎新 [J].建筑学报,1989(9):59

节约
Economy

　　顾名思义，节约就是节省、俭约，符合经济高效的原则，本质是指在社会生产活动与经济运行中对资源需求的减量化。它有三层含义：一是杜绝浪费；二是尽可能减少资源的使用量；三是在减少的同时能够创造出相同的甚至更多的财富。面对快速工业化所带来的环境恶化、资源紧张等一系列问题，节约概念受到广泛重视，它指导着人类发展的重点从原本的追求增长速度和目标，转变为注重对环境容量的合理控制，倡导追求社会的整体效益和可持续发展，在充分考虑资源和环境承载力的前提下，来统筹经济、资源、环境、人口等各方面的关系。

　　在建设节约型社会的大背景下，设计范畴内的主体行为包含了对节约的宏观把控和细节掌握。可以说，节约是一种贯穿于前期处理、中期构建和后期使用的原则。对建筑设计而言，主要可以通过节地、节能、节水、节材等技术手段，对空间、材料、能源等实现有效节约。

典型案例

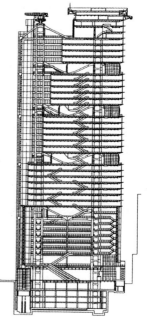

新巴里斯村
（New Barris Village，1967 年）

[埃及] 哈桑·法赛
（Hassan Fathy，1900—1989 年）
哈桑对建筑在特定环境中的适应性进行深入探索，创造出针对沙漠气候的低技术生土建筑设计方法，在通风、气流冷却、水和阴影的利用等方面最大限度地实现了对能源与资源的节约。
图片来源：BERTINI V，SALMA DAMLUJI S.Hassan Fathy：Earth & Utopia[M]. London：Laurence King，2018：152

汇丰银行总部
（HSBC Main Building，1985 年）

香港 中国
[英] 诺曼·福斯特
1999 年普利兹克奖获得者。
汇丰银行总部坐落于香港最繁华的地段，用地十分紧张。因此，建筑师将建筑底部三层架空与城市共享，形成一个公共步行广场，建筑主体则悬挂在排成三跨的四对钢柱上。这一做法对于用地极其紧张的香港来说，不仅起到了节地的效果，也使得建筑更好地融入城市之中。
图片来源：波利.诺曼·福斯特：世界性的建筑 [M]. 北京：中国建筑工业出版社，2004：76，79

原是经济学概念，最早是由英国经济学家大卫·李嘉图（David Ricardo，1772—1823 年）在探讨地租理论时提出的，指农业上用提高单位面积产量的方法来增加产品总量的经营运作方式，即在同一面积投入更多的生产资料，并通过高质量劳动进行精耕细作，旨在用最少的成本获得最大的收益与回报。

集约作为一种确立人与自然和谐双赢关系的方法，包含这样几个方面内容：节约材料、减少能耗、合理利用空间和自然资源，尤为注重用地高效性。在城市建设层面，集约化需要尽可能拓宽城市空间利用的思路，注重立体化设计，积极探索城市地下空间、城市屋顶花园及建筑立面绿化等多方面集约利用的可能性。建筑层面的集约化不仅要做到对资源能源的充分利用，还要通过科学的技术手段，结合合理的资源配置方式，创造出满足多层次功能需求的空间布局，实现有限空间的高效利用。

典型案例

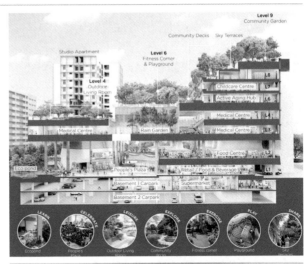

海军部社区
（Kampung Admiralty，2017 年）

新加坡（Singapore）
[新加坡]WOHA 建筑事务所
这是新加坡首个集公共空间和服务设施于一体的综合开发项目。设计师在高密度且土地稀缺的新加坡探索社区内部的动态关系，尝试将医疗保健、社会、商业和其他便利设施集中整合于一个层级分明、高效运作的系统性社区内。同时运用生物多样性策略应对环境问题，为城市的多种交叉设计、加强功能与空间的联系，以及生态可持续发展创造无限可能。
图片来源：天妮.海军部综合体，伍德兰，新加坡 [J].世界建筑，2019（3）：45

表现主义
Expressionism

产生于 19 世纪后期至 20 世纪初的德国，以反对传统绘画和制图风格为特征，后成为西方现代重要的艺术流派之一。与强调客观现实的手法相比，表现主义更注重创造主体个人情感的表达。

20 世纪的表现主义发源于德国，它与"一战"后的时代痛苦紧密联系。受康德哲学、柏格森（Henri Bergson）的直觉主义和弗洛伊德精神分析学的影响，表现主义艺术家们不满于社会现状，强调反传统并要求改革。他们的作品常对客观形态进行夸张、变形乃至怪诞处理，以强调表现艺术家的主观感情和自我感受，这是社会文化危机和精神错乱的美学反映。在建筑界，表现主义建筑师亦力求寻找一种建筑形式来体现一定的社会文化，满足人们不安分的心理诉求，通过夸张、奇特的建筑造型来表达某种思想、象征某种精神。因此，表现主义建筑多具有一种神秘而唯心的色彩，这使其饱受批判但又充满魅力。

德国建筑师埃里克·门德尔松、汉斯·波尔吉格（Hans Poelzig，1869—1936年）和弗里茨·霍格（Fritz Hoger，1877—1949 年），以及荷兰的阿姆斯特丹学派（Amsterdam School）都是表现主义的代表人物。

典型案例

左上：《林中鹿》（1913 年）

[德] 弗兰茨·马尔克
（Franz Marc，1880—1916 年），德国表现主义的创始人之一。
图片来源：捷人，卫海．外国美术图典 [M].
长沙：湖南美术出版社，1998：485

左下：《围着金牛犊的舞蹈》（1910 年）

[德] 埃米尔·诺尔德
（Emil Nolde，1867—1956 年），表现主义代表人物之一。
图片来源：拜多利诺．艺术流派鉴赏方法 [M].
王占华，译．北京：北京美术摄影出版社，
2016：53

右：爱因斯坦天文台
（Einstein Tower，1919—1921 年）

波茨坦 德国（Potsdam，Germany）
[德] 埃里克·门德尔松
建筑外立面非线性的墙面、浑圆的线条、深深的黑洞一般的窗户，处处散发着宇宙天文学的神秘气息。
图片来源：桂鹏．爱因斯坦天文台设计解析
[J].建筑与文化，2014（6）：132，133

极少主义
Minimalism

流行于 20 世纪 60 年代美国现代主义运动之后的一股艺术思潮。

极少主义源于抽象表现主义，在绘画领域遵循法国艺术家杜尚的"减少，减少，再减少"的原则，画面以最简单的几何构成为主，造型语言简练、色彩纯粹，表现手法力求客观，并排除创造者的任何感情表现。极少主义艺术家提倡"纯粹的虚无"，常以一种客观、冷静和非叙事性的眼光与形式，追求最简洁的艺术效果：无空间、无质感、无感情、无气氛。

建筑领域的极少主义与简约主义相近，密斯"少即是多"是其重要指导原则。极少主义意味着运用最少的元素，以获得干净纯粹的空间和造型，利用最理性的手法给人以最强的视觉冲击。在极少主义建筑简明的造型下，往往隐藏着复杂而精密的结构。一般来说，极少主义建筑具备以下 3 种特征：

1. 对建筑的形式、元素和建造方式的简化。

2. 追求建筑整体性的表达，强调建筑与场地的联系。

3. 重视表皮构造和材料的表达。

从这个意义上讲，追求极少主义的设计本身也是一种"绿色设计"。

柏林新国家美术馆
（New National Gallery，1965—1968 年）

柏林 德国

[德] 密斯·凡·德·罗

这是一件钢与玻璃的极简雕塑。建筑形体为正方形，四面钢架与玻璃构造出来的巨大透明墙体，包裹着灵活流动的内部展览空间。每一处细节都呈现出密斯"少即是多"的纯粹理念。

图片来源：汤凤龙.盒子"解体"后的终极清晰：柏林国家美术馆新馆 [J].建筑师，2011（6）：13

戈兹美术馆
（Goetz Collcetion，1989—1992 年）

慕尼黑 德国（Munich，Germany）

[瑞] 雅克·赫尔佐格（Jacques Herzog，1950 年—）

[瑞] 皮埃尔·德梅隆（Pierrede Meuron，1950 年—），2001 年普利兹克建筑奖获得者。

戈兹美术馆采用简约的方盒子造型，立面分为三段，上下为玻璃，中间层是木质胶合板。这种垂直方向的三段式划分，极为纯粹地包裹了建筑的四面。

图片来源：孙喆.关注建筑表皮；托马斯·佐尔佐格与赫尔佐格 & 德梅隆的建筑表皮设计手法比较 [J].南方建筑，2004（6）：28

布雷根兹美术馆
（Kunsthaus Bregenz，1999 年）

布雷根兹 奥地利（Bregenz，Austria）

[瑞] 彼得·卒姆托（Peter Zumthor，1943 年—），2009 年普利兹克建筑奖获得者。

这个明亮的玻璃盒子式博物馆共 6 层，封以半透明玻璃顶棚的混凝土盒，视觉上呈现出一种像羽毛或鳞片般的纯净轻盈之感。

图片来源：兰普尼亚尼.世界博物馆建筑 [M].赵欣，周堂，译.沈阳：辽宁科学技术出版社，2006：116

典型案例

形象
Figure

形象作为一个有确定内容的美学术语始于黑格尔的《美学》："艺术是用感性形象化的方式把真实呈现于意识。"在现代汉语词典中的释义是用有效和生动的语言刻画、描写或创造出的，能够引发人的思想或情感活动的具体形态或姿态，多指语言形象或艺术形象。从字面上看，"形"即事物的外观，"象"是人们对于"形"的感知。进一步而言，形象是一种审美文化的视觉载体，是观念的外化，除指具体事物外也可表示象征。

建筑形象是建筑师运用特定的形式和结构创造出特定的建筑形体，而这一特定"形象"侧重于建筑给人的视觉感受和体验。建筑形象可分为建筑整体形象和细部形象、建筑外部形象（包括立面设计和外环境设计）和内部空间形象（涉及具体材料、质地、色彩、光影、形状、细部等特征及组合方式）。好的建筑表现形式应建立在整体内部功能和内在逻辑之上，与整体空间相契合，并真实地展现内部实用功能，实现功能性和技术性的统一。

因此，如何在建筑形象和建筑内部功能之间建立和谐的关系，是现代建筑设计创作与研究中的重要课题。

典型案例

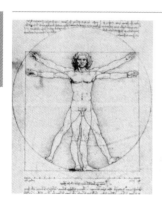

《威特鲁威人》
（Uomo Vitruviano，约 1487 年）

［意］列奥纳多·达·芬奇（1452—1519年）

毕达哥拉斯"数的美学"是西方建筑审美和形象表达的重要依据。达·芬奇根据维特鲁威在《建筑十书》中的描述，绘制出完美比例的人体。这幅画描绘了一个男人在同一位置上的"十"字形和"火"字形的姿态，并同时被分别嵌入一个矩形和一个圆形当中。

图片来源：芬奇.达·芬奇笔记 [M].杜莉，译.北京：金城出版社，2011：90

中国中央电视台总部大楼
（CCTV Headquarters，2004—2012 年）

［荷］雷姆·库哈斯（Rem Koolhaas，1944 年— ），2020 年普利兹克建筑奖获得者。

设计师没有采用摩天楼追求绝对高度的传统做法，而是将摩天楼设计成一个高度适中的"巨环"综合体。在这个设计里，建筑的形象及其象征意义高于结构、功能、空间等其他要素，因而其巨大壮观的主体环形结构在向世界昭示着自身强有力形象的同时，也成为一个争议性极高的"话题建筑"。

图片来源：王寅.雷姆·库哈斯与 CCTV 新总部大楼 [J].新建筑，2003（5）：8

东方之门
（The Gate of the Orient，2003—2015 年）

英国 RMJM 建筑设计公司、香港奥雅纳工程顾问公司及华东建筑设计研究院

东方之门是苏州重要地标建筑。"门"是立意之基，设计师从中国传统的花瓶门及月洞门中提取意象，融合现代结构科技，既表达了独特的中式神韵，又很好地诠释了现代结构美学，建筑所体现的功能与形象、技术与情怀的完美融合令人震撼。

图片来源：东方之门双塔发展项目，苏州，中国 [J].城市建筑，2008（10）：96

意象是中国古典艺术理论中的核心概念之一，最早可以追溯到《周易》。绘画是最早运用"意象"这一概念的艺术门类，早在宋代便已普遍用于人物品评和绘画批评。

在建筑学层面上讨论"意象"概念时，不妨将其拆分为"意"和"象"两部分来看。"意"即意念、意味、兴趣等主体感觉，指建筑创作的立意和旨趣，是设计师在建筑艺术中情感思维诉诸直觉的表达，要求感官主体进入空间，直接感受内在的事物和精神生活。"象"则有两个状态，一是物象，即物化的形象；二是表象，是主体感知事物所形成的内在感受与感知印象。

"形""意""象"三者的关系是审美主体意识和审美客体特征平衡统一的体现。"意"指审美主体的主观情感，"象"指客观的审美意象，"形"是对"象"的符号化提取。在建筑审美活动中，审美客体的实用功能在审美主体的空间使用中得到直接反馈，其形式造型又展示出深层设计理念给人带来的精神感官体验，同时彰显出富有时代特征的审美风格。"形""意""象"在设计中的有机结合是构成完整审美活动，使物质形态具有文化寓意和精神价值的精髓，也是传统美学思想及古典哲学体系对现代设计的独到指引。

概念术语

《城市意象》
(*The Image of the City*)
[美] 凯文·林奇
(Kevin Lynch, 1918—1984 年)
方益萍、何晓军译，华夏出版社，2001年。
此书从城市层面出发，展示出现代西方对于"意象"概念的深层解读。凯文·林奇将城市意象中的物质形态归纳为五个要素——路径、边界、区域、节点和标志物，此五要素理论在当代城市设计与研究中依然具有很大价值。

意 ①+形 　　　象　　　② 形
　　 →　　　　　　→　　　 ←
　　　　　（象外之意）　　 ③

"形""意""象"三者关系

关系①是"象生意端"，可理解为心中之"意"借助客观存在的"形"，从而转化为内心的"象"；
关系②是无形的、不断变化的"象"物化为有形的、静止的"形"。在这里，"形"就是被加工后的物象，它不是原先就客观独立存在的；
关系③是创作的价值所在，外化而成的"形"能否与作者内心的"象"一致，能否使观者入其境，会其意，感其情，从而让观者能够体会到作品的象外之意。
图片来源：周凌燕 ."意""象""形"在中国画创作中的交融互生 [J]. 美术大观，2016(6)：42

图底
Figure-ground

　　来源于视觉心理学，最早对图底关系进行研究的是埃德加·鲁宾，他于 1920 年提出了双关图形"鲁宾之杯"。图底的原意指人可以本能地区别视觉中心和周围环境，将视觉中心视作"图"，将周围环境视作"底"，统称"图底"。现在常说的"图底关系理论"是由美国学者罗杰·特兰西克（Roger Trancik，1943 年— ）在《寻找失落空间》一书中提出的，他将其定为城市设计三大理论之一。

　　图底理论常被引入城市设计中来探寻城市中的实体与空间之间存在的规律。丹麦建筑史家拉斯姆森（S.E.Rasmussen，1848—1990 年）在《建筑体验》（*Experiencing Architecture*）一书中将图底关系运用于建筑领域，并以"杯图"加以说明。

　　如今，图底理论已深入运用于从城市设计到建筑设计的各个层次，图底分析法也成为检验设计合理性的基本方法之一。运用图底理论可以分析建筑和城市空间之间的关系，以及某一特定时期城市的结构模式、空间等级、肌理特征，或者某一城市不同时段的空间形态，也可以将传统城市与现代城市进行对比，预测未来的发展动向，或是对比总结不同城市之间的差异化特征等。

鲁宾之杯
（Rubin Vase）

[意]埃德加·鲁宾（Edgar Jhon Rubin，1886—1951 年）

这个图形可以被看成一个花瓶或一对人脸。视线集中于两侧黑色部分是两张相对的脸，反之则看到中间的白色花瓶，但这两种情况却不能同时被感知。这种差异性取决于观看者注视的角度是背景还是图形，或者是观看整体还是局部，这种关系也可理解成"主体"与"背景"之间的关系，是一种由衬托、对比而产生并可相互转换的关系，这就是"互为图底"。

图片来源：拉斯姆森.建筑体验[M].刘亚芬，译.北京：知识产权出版社，2003：37

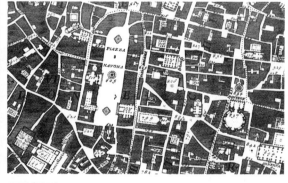

罗马地图局部
（纳沃纳广场、万神庙一带，1748 年）

[意]詹巴蒂斯塔·诺利（Giambattista Nollior Giovanni Battista，1701—1756 年）诺利绘制的罗马地图是运用图底分析方法的代表。他通过把墙柱等实体涂成黑色、外部空间留白来凸显罗马城的建筑物与外部空间之间的关系。由图可知，罗马城的建筑实体是占主导地位的，但反之也衬托出公共开敞空间的形态，是通过建筑实体组织内外空间形成的。这种空间与周围环境成为一体，区别于现代城市建筑中普遍存在的建筑独立于城市空间或城市环境包容性低的现象。

图片来源：李梦然，冯江.诺利地图及其方法价值[J].新建筑，2017（4）：13

　　指在一个二维空间中具有边界的空间平面形状，具备可识别性，又有"形状""图案"之意。图形一般分为基本图形和应用图形两种，基本构成元素是点、线、面，常见基本图形有圆形、三角形、矩形、多边形等。

　　在建筑领域中，图形影响着建筑的形态、功能与风格。建筑设计中，建筑图形有单一的，也有组合式的，一般呈现出抽象的形式之美，具有较强的观赏性和鲜明的象征性、标志性。单图形给人简约之美，如保罗·安德鲁设计的国家大剧院、贝聿铭设计的卢浮宫玻璃金字塔；多图形的组合也展示出建筑变化多样的形式之美，如意大利文艺复兴时期建筑师伯拉孟特设计的坦比哀多礼拜堂。同时，建筑图形的选择通常与建筑设计类型有关，并受到建筑的人文环境、自然环境、社会环境等因素的影响。不同的建筑图形表达了不同的情感和建筑创作风格。

平面图

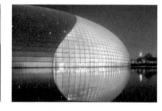

坦比哀多礼拜堂
（Tempietto，1502 年）

罗马 意大利（Rome，Italy）
[意]伯拉孟特（Donato Bramante，1444—1514 年）
设计师从古罗马建筑中提取原型，以集中性的圆形平面，绕以环形柱廊，覆以完美的半球形球体。传统的基本图形和传统的建造技术得以创造出全然不同的建筑形象。
图片来源：
巴默尔，斯维什尔. 图解大概念（续 2）[J]. 建筑工人，2017（3）：18
李胜. 浅析坦比哀多教堂的传承和影响 [J]. 华中建筑，2007（11）：181

巴西利亚议会大厦
（the Capitol Building，1958 年）

巴西利亚 巴西（Brasilia，Brazil）
[巴西]奥斯卡·尼迈耶（Oscar Niemeyer，1907—2012 年）
整幢大厦运用最基本的半圆形和矩形两种图形，通过对比例与尺度的把控，形成水平、垂直方向上强烈的体形对比。两用一仰一覆两个半球体调和、对比，既丰富了建筑轮廓，又使构图新颖醒目。
图片来源：吴焕加. 20世纪西方建筑名作 [M]. 郑州：河南科技出版社，1996：23

国家大剧院
（National Centre for the Performing Arts，2007 年）

北京 中国
[法]保罗·安德鲁（Paul Andreu，1924—2018 年）
建筑师运用简练的钢结构创造出世界上最大的半椭球壳体，简洁的曲面轮廓、体量随时带来丰富的光影效果。壳顶的外部由钛金属板和白透明玻璃两种组装曲面构成，一实一虚的曲面交界线营造出舞台大幕徐徐拉开的场景，烘托出建筑的剧院氛围。
图片来源：林飞燕，高力峰. 解读国家大剧院 [J]. 华中建筑，2008（7）：17

折叠
Fold

原意指把物体的一部分翻转，向另一部分贴拢，含有折叠、对折、褶皱、起伏等意思。"折"可以是在一个元素的平面形状中进行操作，通过折的动作使元素由二维向三维发生转变；而"叠"的操作则涉及多个元素的叠加。折叠作为一种传统的创作手法，被广泛应用于绘画、服装和家具等各个领域的创作与设计中。

建筑学领域的"折叠"包括两层含义：一是具体的操作手法，即通过折叠形成一种复杂起伏、动感强烈的建筑形态，或模糊、流动的空间形式；二是思想上或者观念上的折叠，即通过折叠打破各元素之间的隔阂，将系统中的个体按照新的逻辑进行重新组合，在内外之间建立一种新型关系，从而得到一种更为开放的体系。从这个意义上来看，折叠具有很强的连续性和非线性特征，常常颠覆传统形式和结构，因而是非线性建筑设计中的重要手法。通过折叠手法所创造出的建筑往往富有动态的韵律美，且永远处于变化之中。

随着数字时代的到来，参数化技术使得折叠手法在建筑设计中的运用越来越普遍，当代建筑师应该拓宽设计思路，高效灵活地运用参数化设计手段，站在更高更广的维度来挖掘传统设计手法的时代潜力。

左：《设计折学》
（ Complete Pleats : Pleating Techniques for Fashion、Architecture and Design ）

[英] 保罗·杰克逊（Paul Jackson，1947 年— ）
赵熙译，上海人民美术出版社，2017 年。
折叠是各领域设计师重要的灵感来源，本书从一张纸的折叠出发，系统地介绍了拉伸、压紧、扩展、扭曲、叠加和镜像等纷繁多样的折褶技艺，并介绍了折叠手法在建筑、时装、产品设计等领域的应用案例，充分展示出折叠艺术在设计中的无限魅力。

右：保利国际广场办公楼（ Poly International Plaza ）
北京 中国
[美] SOM 建筑事务所
设计师从纸艺折叠中获得灵感，并采取中国传统灯笼式的立体三角形形式为主要造型元素，以三角网格创造出形式优美、结构稳固的建筑形态，是结合运用参数化设计与折叠手法的成功之作。下图为灯笼型折叠的参数化建模过程。
图片来源：陈卓.从"折叠"到参数化设计：空间折叠在建筑设计中的数字化模拟建模技术 [J]. 华中建筑，2019（9）：52

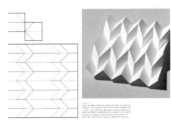

《设计折学》一书中的折叠手法示例

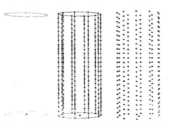

生成上下端控制线　等分控制线形成点阵　间隔提取菱形点阵　点阵分组成面　完成灯笼折叠

顾名思义，毯式指像毛毯一样水平铺展形象。引申到建筑学领域，毯式建筑是指20世纪中期由青年建筑师组织"十次小组"提出的一种建筑原型，主要代表人物有史密斯夫妇及阿尔多·凡·艾克等。

毯式建筑的出现，是对"二战"后国际现代建筑师协会（CIAM）提出的理性主义、功能主义等有关城市和建筑纲领的一种反抗，是一种充满批判性和复杂性的建筑思潮。"十次小组"的核心主旨包括：有机组团，灵活性，生长和改变，城市和居留地。毯式建筑本质上是一种优化的集群，其功能对结构起积极支撑的作用，具有紧密组织化生长的茎网和水平集簇的结构化肌理，并以独特的方式与周边的环境相互结合；内部个体则基于一种相互关联的模式，不断演化发展出新的可能性。毯式建筑以其可生长、灵活性、非中心等特性，在城市与建筑之间建立起相互编织关联的特殊秩序，受到了建筑领域的关注。

毯式建筑理念具有浓厚的场域特性，是城市、建筑与景观相结合的人文设计思想的体现，对当代建筑及城市设计中场所精神的塑造有着重要的借鉴意义。

典型案例

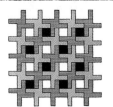

传统伊斯兰城市的模式典型"Casbah"及其抽象示意图

"十次小组"对传统伊斯兰城市的空间结构和功能布局进行研究，以"Casbah"为例，将其视作一种功能混合、活动交织和空间渗透的多样性完整城市空间系统，是一种毯式建筑及城市理念的完美体现。
图片来源：张松岳，周韵冰.对于毯式建筑的批判解读[J].中外建筑，2016（9）：38

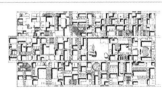

柏林自由大学综合教学楼
（Berlin Free University，1963年）

柏林 德国

[美]沙德拉赫·伍兹（Shadrach Woods，1923—1973年）
伍兹运用"茎网"理论，以通畅的街道为脉络，联系各功能空间及庭院，形成疏松多孔、自由延展的空间结构，建筑顺应城市肌理，是体现毯式建筑形态特征的经典作品。
图片来源：FELD G. Free University Berlin：Candilis, Josic, Whiedhelm[M]. London：Architectural Association，1999

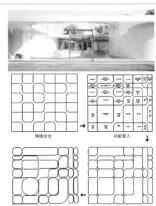

托莱多美术馆
（Glass Pavilion at the Toledo Museum of Art，2006年）

俄亥俄州 美国（Ohio，USA）

[日]SANAA，2010年普利兹克建筑奖获得者。
设计师将毯式建筑理念与拓扑原理相结合，把多样的单元空间按功能关联，组织在一个互相连接的气泡型平面之间，既与最初的矩形系统存在几何的相似性，又有着一定的延展自由度，整个建筑可以说是当代毯式建筑设计实践的成功之作。
图片来源：SANAA.托莱多艺术博物馆玻璃大厅[J].建筑创作，2012（2）：53，57

形式
Form

　　指某个物体的外观模样和内部构造，即事物所呈现出来的外在表象或外观外形，现实中有时也指办事的行为和方法。

　　引申到建筑学领域，建筑形式是建筑的通体形态，既包含作为实体形态的建筑造型，也包括作为虚体形态的建筑空间，还包含作为综合形态的建筑环境。建筑形式得以产生和创造的两大要点为"本原"与"观念"。本原只能产生形式、营造形式；而"观念"才能创造形式、创新形式。之所以在相同的"本原"下会产生大相径庭的建筑形式，其原因正是形式得以产生的形式观念在起作用。而且，当本原确定之后，观念往往就成了建筑形式的决定因素。

　　形式主义指在艺术领域内，相对于内容来说更具有形式倾向的文化思潮。现代建筑发展过程中先后出现过"风格派""构成派""国际式"等与形式相关的流派。

风格派
一场兴起于 1917—1931 年间，以荷兰为中心的国际艺术运动，对 20 世纪的现代艺术、建筑学和设计领域产生了重大而持久的影响。创始人为荷兰艺术家、建筑师瑟奥·凡·杜斯伯格（Theo Van Doesburg，1883—1931年），主要成员有蒙德里安、格里特·里特维尔德。风格派主张艺术应完全消除与自然形象或物体的联系，他们坚持绝对抽象原则，多用基本几何图形元素的组合和构图来追求其恒定的和谐。

左图来源：刘靖戎，陈天荣，周宇 . 美术鉴赏 [M]. 北京：航空工业出版社，2013：204

构成派
构成派是 20 世纪早期苏联先锋派艺术中对于建筑学、城市规划和工业设计影响最大的派别，以雕塑家弗拉基米尔·塔特林和雕刻艺术家 K. 马里维奇（Kasimir Malevich，1878—1933 年）为主要代表。受未来主义和立体主义影响，他们提倡用新材料创造空间结构，并准确传达自身的形式特点，以此作为绘画与雕塑的主题，来歌颂机器美学与工业精神，作品多呈现出工程结构物一般的机械美。

国际式
一种于 20 世纪 20 年代在世界各地联系日益密切，经济、科技条件相似，各国建筑相互影响的情况下，出现的世界范围内彼此接近的建筑风格。国际式提倡以新技术和工业化生产解决社会问题；反对装饰，倡导机器美学，尤为推崇几何形的表现方式：平屋顶、光滑墙面、大面积玻璃窗、开敞空间，它是现代主义建筑运动的一个阶段，也是现代主义国际化的发展阶段。建筑上极致追求"少即是多"，玻璃幕墙合成的极简"方盒子"是国际式建筑的主要特征。

"红蓝椅"和施罗德住宅
（Red And Blue Chair；Schroder House，1924 年）

乌得勒支 荷兰

[荷] 格里特·里特维尔德
乌得勒支住宅设计思想和手法与"红蓝椅"如出一辙，同时贯彻着杜斯伯格的设计理论和蒙德里安的艺术理念。

右图来源：巴兰坦 . 建筑与文化 [M]. 王贵祥，译 . 北京：外语教学与研究出版社，2007：56

第三国际纪念碑
（Monument to Commemorate the Third International，1919—1920 年）

[苏联] 弗拉基米尔·塔特林
（Vladimir Tatlin，1885—1953 年）
第三国际纪念碑是构成派的代表之作。它采用最简单的构成因素强调构成的形式和它的政治功用。以 400m 的钢结构横跨彼得堡中心的涅瓦河，凸显工业文明和现代科技的力量，并隐喻政治民主和艺术民主。

图片来源：梁赞诺夫斯基 . 俄罗斯史 [M]. 7版 . 上海：上海人民出版社，2007：568

柏林新国家美术馆
（New National Gallery，1965—1968 年）

柏林 德国

[德] 密斯·凡·德·罗
展览大厅由钢和玻璃组成一个正方形的极简方盒子，内部仅设活动性隔断以保证空间完整与简洁。立面干净通透，不加任何装饰，充分体现了密斯"少就是多"的建筑理念。

图片来源：汤风龙 . 盒子"解体"后的终极清晰：柏林国家美术馆新馆 [J]. 建筑师，2011（6）：11，13

功能
Function

一般指事物本身或某些方法所发挥出来的有利作用。

在建筑领域，功能是指建筑所具有的实际使用价值。建筑功能，特指一栋建筑物或一个建筑群时，指的就是建筑物被赋予的某些实际使用功能。建筑的功能包括功能分区、空间组成、人流疏散等。

功能主义是 19 世纪初由芝加哥学派建筑师路易斯·沙利文（Louis Henry Sullivan，1856—1924 年）提出的。与当时学院派所主张的设计思想不同，他倡导"形式追随功能"，其观点是建筑设计创作应该将重点放在使用功能上，要满足形式及其使用功能的一致性，而非古典主义一味追求的形式。之后，现代主义建筑代表人物勒·柯布西耶强调满足功能要求是建筑设计的首要任务，为此他提出了新建筑五要素：底层架空、屋顶花园、自由平面、横向长窗、自由立面。

萨伏伊别墅
（Villa Savoye，1930 年）

普瓦西 法国（Poissy，France）
[法] 勒·柯布西耶
萨伏伊别墅是一个表现手法与建造手法完美统一的功能主义作品，可以说是柯布西耶提出的新建筑五要素的完美范例，对建立和宣传现代主义建筑风格起到了非常重要的作用。
图片来源：DK. 伟大的建筑：图解世界文明的奇迹[M]. 邢真，译. 北京：北京美术摄影出版社，2014（5）：198，199

水晶宫
（Crystal Palace，1851 年）

伦敦 英国（London，UK）
[英] 约瑟夫·帕克斯顿
（Joseph Paxton，1803—1865 年）
首届世博会场馆，功能主义建筑的代表作之一。它占地 7.7hm²（19英亩），长 606m，宽 150m，高20m，穹隆顶甬道高 35m。建筑由钢铁、玻璃和木头建造，是现代化大规模工业生产技术的结晶与代表。
图片来源：俞力. 水晶宫的故事：1851 年英国伦敦第一届世界博览会 [J]. 园林，2008（6）：15，16

分形
Fractal

由词语"Frangere"演化而来，原是一个数学概念，最早由"分形之父"——美国数学家曼德尔布罗特（B.B.Mandelbrot，1924—2010 年）提出，本意是"破碎"或"不规则"。

分形是自然界的自由规律，该理论认为在一定的条件下，事物的某一部分必然会与其整体具有相似性，在极为复杂的表象下也一定存在着某种规律与秩序。同理，即使是极其复杂的建筑，也一定有简单的规律可循。换个角度来讲，采用分形理论的手法处理建筑，必然会产生变化丰富、韵律感极强的建筑形式。

彼得·埃森曼最早将分形理论引入建筑设计，他认为分形是科学与建筑学的一个交叉点，分形理论既可以用来评价建筑，又可以生成复杂的韵律，使建筑融合于周围环境中。因此他经常采用分形的设计手法来进行建筑创作。

分形数学模型图式——谢尔宾斯三角形
（Sierpinski Triangle）

由波兰数学家谢尔宾斯基在 1915 年提出，它是一种典型的自相似集。
图片来源：顾高臣，李娜，张雪等. 谢尔宾斯基三角分形结构的 STM 研究 [J]. 物理化学学报，2016（1）：197

自然界中也存在许多分形的现象或物质，雪花就是最常见的分形案例。
图片来源：宋予佳. 游天下·乐游 [N]. 海宁日报，2012-1-12（5）

欧洲被害犹太人纪念碑
（Denkmal für die ermordeten Juden Europes, 2004 年）

柏林 德国
[美] 彼 得·埃 森 曼（Peter Eisenman，1932 年—）
纪念碑采用分形迭代的手法，水泥碑重复排列，犹如一片由墓碑组成的海浪波涛起伏，塑造出悲壮凝重的气氛。
图片来源：纪铮. 彼得·埃森曼访谈：欧洲犹太死难者纪念碑设计 [J]. 世界建筑，2005（10）：111，112

东京表参道 TOD'S 大楼
（TOD'S Omotesando, 2004 年）

东京 日本（Tokyo, Japan）
[日] 伊东丰雄（Toyo Ito，1941 年—），2013 年普利兹克建筑奖获得者。
建筑师在不同尺度的空间对象上重复相同或相近的空间操作，形成自相似性空间。
图片来源：
TOD'S 表参道大楼 [J]. 建筑创作，2014（1）：329

完形即格式塔（德语 Gestalt），"格式塔心理学"即"完形心理学"，由德国心理学家马克斯·韦特海默（Max Wertheimer，1880—1943 年）、库尔特·考夫卡（Kurt Koffka，1886—1941 年）提出，是西方现代心理学的主要学派之一。完形心理学有两个基本特征。其一是整体性，强调格式塔是由不同要素构成的，但并不是各要素的简单总和；其二是变调性，是指一个格式塔的存在并不会因为其各构成要素的改变而改变，其本身具有一定的规律和轨迹，并不随意而变，而是恒定不变的。

建筑完形，从狭义上来讲，就是建筑所呈现出的实体形象。从广义上来讲，建筑创作作为整体性的存在，其过程中涉及的各因素，如形式、场地、空间、意象等，这些小的、具有多元性的、需要统一的"客体"格式塔是由更为复杂的大的"整体"格式塔来建构和统领组织的，这一整体性的过程即是完形。因此，格式塔原则被广泛运用于设计创作中，建筑创作中也常用这些原则构建丰富多样的空间整体。

概念术语

格式塔心理学（Gestalt Psychology）
格式塔心理学强调经验和行为的整体性，反对当时流行的构造主义元素学说和行为主义"刺激－反应"公式，认为整体不等于部分之和，意识不等于感觉元素的集合，行为不等于反射弧的循环。一般来说，格式塔心理学中有 8 条组织原则，分是：
1. 图底关系原则。
2. 接近或临近原则，即接近或临近的物体通常会被认为是一个整体。

3. 相似原则。刺激物的形状、大小、颜色、强度等物理性质比较相似时，这些刺激物就容易被组织构成一个整体。
4. 封闭或闭合原则。有些图形是一个未闭合的、残缺的图形，但主体有一种使其闭合的倾向，那么它也容易被感知为一个整体。
5. 共方向原则，也称共同命运原则。若一个对象中的一部分都向同一个运动方向共同移动，那那些部分就被易被感知为一个整体。

6. 熟悉原则。人们在无特定要求情况下对一个复杂对象进行认知时，常常倾向于把对象看作是有组织的、简单的规则图形。
7. 连续性原则。如果一个图形的某些部分可以被看作是连接在一起的，或按照一定秩序排列延伸的，那么这些部分就相对容易被感知为一个整体。
8. 知觉恒常性原则。人们总是将世界视作一个相当恒定的场所，即尽管从不同角度看同一个东西，落在视网膜上的映像不同，但我们不会认为是这个东西变形了。

我妻子，我岳母？
这是一张典型的具有双重含义的错觉视图，包含着对立的肖像，我们即使知道了其中的含义，也不会同时解读出来。

格式塔完形图示

封闭或闭合原则图示（观看者会在潜意识中把缺失的部分补齐）

格式塔心理学要求从整体上去把握图形

图片来源：田松. 所见即所能见：从惠勒的实在图示看科学与认知模式的同构[J]. 哲学研究，2004（2）：64.

图片来源：ELY HILL W.My wife and mother-in-law[J].NewYork：Puck,1915（11）：3

居住单元
Habitation unit

居住单元不同于住宅建筑中的住宅单元概念，它是指城市中独立的、可识别的以居住功能为核心，并有配套的基本服务设施以及室外绿化的，城市居住用地空间基本单元。其规模介于居住小区和居住组团之间。

传统居住模式多为以院落为单元的居住体系。现代居住单元模式始于 20 世纪初，大城市集聚发展、环境问题逐渐显露并加重，以田园城市为代表的新型城市人居模式得到推崇，小汽车的普及也为居住地向郊区蔓延提供条件。于是，各国设计师顺应城市功能主义思想，不断探索满足汽车时代发展需求的现代居住模式，现代城市规划理论与居住单元模式思想由此萌芽。居住单元模式内明确量化的城市居住规模和人车分行的道路交通系统，较好满足了城市功能等级化的需要，在新城运动及战后城市规划中被广泛推广。居住单元模式由此进入了空前繁荣期，对后来乃至今天的现代城市规划及居住区规划都产生了十分重要的影响。

当代城市规划中的居住单元模式更加注重规划的科学性和环境的舒适度，在融入生态理念，创造更加宜人的人居环境的同时，实现对生态环境和自然资源的高效合理运用。

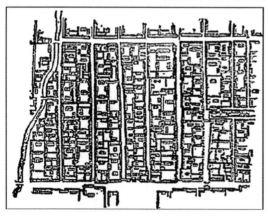

中国传统街坊模式

街坊是中国传统居住单元模式，内部的院落即为中国传统的内向型合院建筑，院落之间通过开放式的入口与外界建立联系。这样的街道和街坊互相交织组成的城市居住空间非但不具有封闭感，并且保证了传统城市空间的整体性与邻里感。

图片来源：董鉴泓.中国城市建设史 [M].北京：中国建筑工业出版社，2004；103

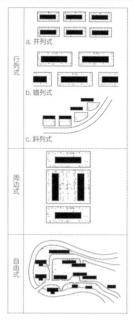

现代居住单元模式中建筑平面一般布局模式

图片来源：付祥钊.夏热冬冷地区建筑节能技术 [M].
北京：中国建筑工业出版社，2002；228

邻里单元
Neighborhood unit

1929 年，邻里单元理论首次出现于美国社会学家劳伦斯·佩里（Clarence Perry，1872—1944 年）的著作《纽约区域规划与它的环境》（*Regional Planning of New York and its Environs*）中，用于应对由小汽车的迅速普及和大规模郊区化浪潮导致的现代城市规划结构变化。

邻里单元是居住区的核心组成要素，它是一种强调居民归属感和认同感的居住区模式，主要包括 6 大基本原则：1. 规模：一个邻里单位的人口规模依据一所小学的服务半径来确定，一般邻里规模为 5000 人左右；2. 边界：以城市道路划定邻里单位边界，且过境交通不穿越邻里单位内部；3. 公共空间：设置小公园和娱乐空间系统来满足邻里的需要；4. 公共设施：小学及其他邻里公共服务设施设置在较中心的位置；5. 邻里商业：商业布置在邻里单位周边，满足居民日常需要，或与周围交通枢纽地带、临近的邻里商业设施共同形成商业区；6. 内部道路系统：邻里单位内部道路明确分级、人车分流，便于内部运行且避免外部交通对于内部居住环境产生影响。

邻里单元模式在欧美的居住区规划中占有重要地位，至今在国内外的城市设计中仍被广泛应用。

概念术语

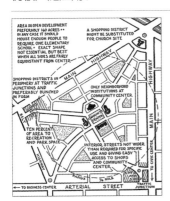

佩里的邻里单元图示：规模由一所小学的服务范围来定，小学及游乐场能够步行到达，商店置于邻里边角，交通干道位于四周，内部则尽量避免汽车直接穿越。
图片来源：兹伊贝克.郊区国家：蔓延的兴起与美国梦的衰落 [M].苏茜，左进，等，译.武汉：华中科技大学出版社，2008：81

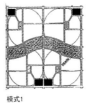

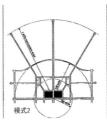

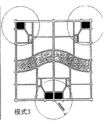

模式1　　　　模式2　　　　模式3

三种常见邻里单元结构模式
模式 1：传统邻里发展模式（TND）
大部分邻里地区在步行范围以内，中心区域无交通干扰，中心的商业设施只能服务本社区。
模式 2：适于居住的邻里单元结构
步行区中心设在边缘处，邻里单元被主路分隔。
模式 3：基于公共交通的发展模式（TOD）
结合铁路，可达到较高的开发密度；中心区缺乏社区凝聚力；大量停车设施对中心有影响；有时开发密度难以支持交通开销。
图片来源：孙施文.现代城市规划理论 [M].北京：中国建筑工业出版社，2007：568

硬质景观
Hard landscape

　　硬质景观是构成城市景观形象的关键因素之一，是由盖奇（Michael Gage）和凡登堡（Maritz Vandenberg）在其著作《城市硬质景观设计》（*Hard Landscape in Concrete*）中提出的，指以人工材料处理的道路铺装、小品设施等为主的景观类型。一般依靠混凝土、石料、砖、金属等人工材料创造出一定的景观效果，为人们提供交往、休憩、审美的空间。

　　美国景观建筑师罗杰·特兰西克的《寻找失落空间》一书对"硬质空间"和"柔质空间"的适宜性进行了描述，认为成功的硬质空间通常在功能上被用作社交活动的聚集，最重要的作用之一就是成为城市交往空间和城市文化载体。

　　现代景观设计中的硬质景观主要包括：1. 步行环境如铺装等；2. 景观设施如小品、景墙、桥、树池、大门等；3. 活动场所如休闲广场、运动场等。

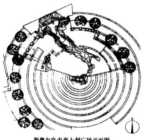

新奥尔良市意大利广场平面图

左：新奥尔良意大利广场
（Piazza d'Italia, New Orleans, 1978 年）
新奥尔良，美国（New Orleans, USA）
[美] 查尔斯·摩尔
（Charles Moore，1925—1994 年），美国后现代主义代表人物之一。
该广场是美国的意大利居民为怀念祖国而建，广场的一角以若干层台阶围成意大利半岛的形状。以历史片段、夸张的细部及舞台剧似的场景，赋予场所"杂乱疯狂的景观"。
左上图片来源：林墨飞、唐建宝. 经典园林景观作品赏析 [M]. 重庆大学出版社，2012：157
左下图片来源：黄健敏. 百分比艺术：美国环境艺术 [M]. 长春：吉林科学技术出版社，2002：73

右：杜伊斯堡景观公园
（Landschaftspark Duisburg-Nord，1991 年）
杜伊斯堡 德国（Duisburg, Germany）
[德] 彼得·拉茨（Peter Latz，1939 年—）
该公园的设计中将硬质景观与社会、生态相结合，使废旧工业遗址以一种充满景观美学意义和生态特质的方式获得新生。工厂的原生面貌和视觉空间特点及其城市记忆都在绿色生态的构建中被保留了下来。
右上图片来源：维拉赫：景观文法：彼得·拉茨事务所的景观建筑 [M]. 北京：中国建筑工业出版社，2011：118，119
右中、右下图片来源：https://www.latzundpartner.de/en/projekte/postindustrielle-landschaften/duisburg-nord-hochofenpark/

软质景观
Soft landscape

相对于多以人工材料经过设计而成的硬质景观而言，软质景观多指利用植物、水体、阳光、风雨等自然景观要素构成具有一定设计意图的景观形态，一般以非人工材料营造景观效果，是由自然环境主导的空间，如城市中的公园、花园和绿廊等。

我国古代园林亦被称为"园池"，植物和水体是我国古典园林中的重要造园要素。园中水池有聚散之别，植物有疏密之分，植物与水体的四时之景也正是软质景观的魅力所在。园林植物以其诗文意境、象征含义成为园林文化的重要载体。而水体要素在园林中所起作用，正如刘敦桢先生所言："聚则水面辽阔，有水乡弥漫之感。虽人工开凿，也宛若自然。分则潆回环抱，似断似续。和崖壑花木屋宇相互掩映，构成幽曲的景色。"

可见池泉水景与园林景观关系十分密切。园林中的硬质景观和软质景观要素为创造高质量的城市空间环境提供了大量素材，为形成独具特色的城市空间创造了条件。

翡翠项链公园
（Emerald Necklace，1910—1913 年）

波士顿 美国（Boston，USA）
[美]奥姆斯特德
（Frederick Law Olmsted，1822—1903 年）
作为最早的城市公园和绿道，波士顿翡翠项链公园突出发挥了软质景观的价值，实现了城市与自然的有机融合。
图片来源：易辉.波士顿公园绿道：散落都市的"翡翠项链"[J].人类居住，2018（1）：19，20

拙政园
（Humble Administrator Garden）

苏州 中国
拙政园以大面积水体营造主体景观，园池格局采用传统的一池三山池岛布置形式，造就藏山于水的境界。远香堂是拙政园中部景区的主体建筑，是赏荷的佳处，其名因荷而得，取《爱莲说》"香远益清，亭亭净植"之意。
图片来源：刘敦桢.苏州古典园林[M].北京：中国建筑工业出版社，2005：311，313，339

高技术
High technology

　　高技术这一概念起源于美国，表现为两种意思：一指具有工业产品、材料或设计特色的室内风格；另指用于生产科学技术或使用先进复杂的设备，特别是用于电子和计算机领域。建筑技术是对现代建筑设计思想的一种澄清，建筑学领域中所探讨的高技术强调运用先进技术来实现建筑意图。现代技术的发展使得现代建筑向着高技术、高情感、高生态的方向发展。

　　高技术建筑的发展与"高技派"（High-tech）的探索是不可分割的，"高技"是指20世纪50—60年代，建筑师理查德·罗杰斯、伦佐·皮亚诺、托马斯·赫尔佐格（Thomas Herzog，1941年—）等人以英国作为主创基地，进行大量的建筑创作从而形成的一种建筑风格。"高技派"不仅在建筑中采用高科技手段，而且在美学中表现出以高技术为主要表现方式的设计倾向和理念。"高技派"是对现代主义建筑的辩证扬弃与颠覆，也被称为晚期现代主义。

　　当下的高技术强调以人为本的建筑实现，提倡低碳自然的生态理念，通过集成化综合技术手段表达现代建筑的品质与风格，代表建筑师有诺曼·福斯特。

典型案例

左：蓬皮杜艺术中心
（The Pompidou Centre，1977年）
巴黎 法国
[意] 伦佐·皮阿诺（Renzo Piano，1937年—），1998年普利兹克建筑奖获得者。
[英] 理查德·罗杰斯（Richard George Rogers，1933年—）
建筑的钢柱、钢梁、桁架、拉杆等结构体系外露，形成一种独特的表现方式，并最大限度解放了内部空间。
图片来源：罗杰斯，布朗. 建筑的梦想：公民、城市与未来 [M]. 海口：南海出版公司，2020：222

右：汇丰银行总部
（HSBC Main Building，1985年）
香港 中国
[英] 诺曼·福斯特
（Normal Foster，1935年—），1999年普利兹克建筑奖获得者。
建筑所采用的两层高粗大桁架将立面分为五段，构成立面形象的主要视觉要素，其强有力的结构特征深刻反映出建筑的力量和地位。
图片来源：波利. 诺曼·福斯特：世界性的建筑 [M]. 北京：中国建筑工业出版社，2004：74

低技术
Low technology

低技术是一个相对于高技术而言的概念，本意是指工业革命前的传统手工技术，它所表达的是回归自然和传统。建筑领域的低技术所倡导的是建立在当地传统建筑基础上，较少或基本不使用工业化建筑技术和材料，而采用简单、朴实和实用的施工技术，以适应当地气候，满足基本生活需求为主体目标的建筑技术手段。

低技术建筑具有生态性，它将建筑环境看作有机的、具有完整结构和功能的整体系统。现代建筑创作中，低技术理念强调在当地地域和气候条件下，充分利用自然资源，维持地域性生态环境平衡，使得建筑融入当地自然环境，形成一种高效、低能耗、可持续发展的生态系统。生土建筑是传统低技术建筑的代表。

低技术建筑注重发挥当地建筑的乡土特质，充分利用传统建筑在节能、自然通风、适应气候和利用当地材料等方面的经验来表达现代建筑。不同地域、不同气候、不同文化会形成多样化的低技术手段，如黄土高原干旱气候下的窑洞、西南少数民族多雨地区的吊脚楼等。此外，由于世界各地社会经济发展不平衡，建筑技术的选择不免出现高低之分，但本质上并无优劣之别。

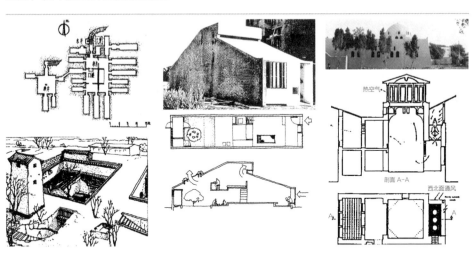

邙山水口村某天井窑院平面图及全景图

窑洞是我国传统低技术建筑中生土民居建筑的典型代表，它的建筑格局有明显的封闭性和内向性特点。室内环境适宜，冬暖夏凉。

图片来源：洛阳市建委窑洞调研组.洛阳黄土窑洞建筑[J].建筑学报，1981（10）:43

管式住宅（Tube House）

[印] 查尔斯·柯里亚

在柯里亚的地域主义建筑创作中，低技术策略常常构建低能耗的微型生态系统。图为管式住宅平面图及拔风示意图。

图片来源：艾哈迈达巴德，刘泉.管式住宅[J].世界建筑导报，1995（1）:16

新高纳村
（New Gourna，1947 年）

卢克索 埃及（Luxor，Egypt）

[埃] 哈桑·法赛（Hassan Fathy，1900—1989 年）

哈桑以传统的院落结构融合厚厚的砖墙以实现住宅的被动降温，古老建筑的结构原理在他的设计中以最低的耗费创造出最原生态的环境。图为通风冷却装置在平剖面图中的示意。

图片来源：FATHY H. Architecture for the Poor：An Experimentin Rural Egypt[M]. Chicago：The University of Chicago Press，1976：98

典型案例

集成
Integration

　　指"形成或统一成一个整体",意指一体化、整体化、综合化。集成不仅要把各物理部分集合在一起,更要建立各部分逻辑关系,形成有机协调的整体功能性系统。因此,各子系统集成之后的效果应是 1+1 大于 2,具有将系统整体优化的效能。现代最早采用"集成"概念的是自动化领域。

　　20 世纪 50 年代,集成概念被首次引入建筑领域。当时一些欧洲国家为解决"二战"后的住房短缺问题,在大规模住宅建设中采取梁、柱、墙壁等预制组件模数化生产、装配和施工。后日本建筑师提出"集成住宅"概念并应用于实践。现在我们所谈论的集成建筑多用于住宅,是一种在建筑结构和配套设施等系统优化组合的前提下,以向用户提供高效优质、低碳节能、舒适宜人的建筑环境为目标,以设计标准化、生产工厂化、施工装配化、供应系列化、服务定制化、整体可持续为主要表现特征的建筑产品系统。

　　在现代生态理念的影响下,建筑集成化发展中融入了绿色技术,绿色建筑集成化成为当代建筑集成化发展的重要趋势。

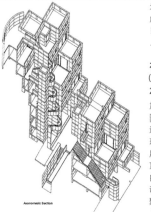

Axonometric Section

左:六甲山集合住宅
(Rokko Housing,1978—1983 年)
神户 日本(Kobe,Japan)
[日] 安藤 忠雄(Tadao Ando,1941年),1995 年普利兹克建筑奖获得者。建筑物由一系列单元构成,其剖面顺着山势而设计,平面对称,建筑物之间空隙则设计了上下交通的阶梯,并形成系列广场。建筑最大限度利用了地形,并高效组织、划分空间,各单元在斜坡上组合在一起形成阶梯状,每个单元都有开阔视野。
图片来源:宗轩.图说山地建筑设计[M].上海:同济大学出版社,2013:20,21

右:加州科学院
(California Academy of Sciences,2005 年)
加利福尼亚州 美国(California,USA)
[意] 伦佐·皮亚诺
这是一座整合了高效制暖的空调系统,实现能源自给的环保型综合大楼。建筑师运用先进的绿色集成技术创造出一片生态屋顶,模仿山势起伏,可形成大楼内空气的自然流通并起到隔热作用,减少建筑对空调的依赖。同时屋顶上的当地植物能够吸聚雨水,解决建筑用水问题。
上图来源:PIANO R,PATRICK KOCIOLEK J,ROGERS J.全新可持续加州科学院建筑设计[J].世界建筑导报,2010(1):78,79
下图来源:刘春娥.加州科学院绿色屋顶探析[J].黑龙江工业学院学报(综合版),2018(4):63

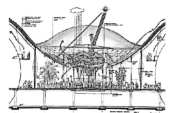

指建筑的部分或全部部件在工厂预制并运到施工现场，通过可靠的安装方式构建成为具有一定使用功能的建筑物。装配式是建筑工业化的必然产物。

装配式建筑自 19 世纪后半叶以来，其发展经历三个阶段：一是组件部分的标准化。二是"二战"后为适应大规模城市建设的需要，装配式建造技术体系逐渐成形，实现了建筑业生产方式的转型。这一时期典型的建筑系统包括装配式单层工业厂房建筑体系、装配式大板建筑体系和装配式多层框架建筑体系。三是装配式建筑体系开始由专项向通用过渡阶段，装配式建筑表现出易于生产、部件节点精度高、形式多样化等技术特征，这些特征使得装配建筑体系集成度增高，使用范围拓宽，形成了成熟的装配式建筑设计模式和工业化建造系统。

近年来，随着生态可持续理念的发展和 BIM 技术的日益成熟，当代的装配式建筑更加注重设计全过程的集成一体化，同时关注建筑在节能、环保、舒适性等方面的性能优化和绿色可持续性研究。

典型案例

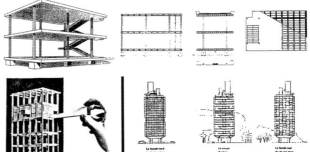

水晶宫
（The Crystal Palace，1851 年）

[英]约瑟夫·帕克斯顿
水晶宫是第一次世博会展馆，也是第一座装配式大型公建。钢和玻璃的装配式建造模式不仅使得整个工程在三个月内完期，更表现出有别于传统建筑的美学效果。
图片来源：许懋彦. 世界博览会 150 年历程回顾 [J]. 世界建筑，2000（11）：19

马赛公寓中的装配式思想与多米诺框架体系图解

上图来源：柯布西耶. 勒·柯布西耶全集：1919—1929[M]. 北京：中国建筑工业出版社，2005：18
下图来源：柯布西耶. 勒·柯布西耶全集：1938—1946[M]. 北京：中国建筑工业出版社，2005：184

线性
Linear

　　"线性"一词最初来源于线性函数，指自变量与因变量之间按比例、成直线变化的关系，由此抽象出来的"线性"概念泛指在时间和空间所做的规则运动或光滑变化。

　　空间按平面形态可分为线性空间和非线性空间。线性空间可以是天然的，如河流、峡谷，也可以是人工的，如铁轨、街道、走廊，其线状形态决定空间具有强烈的伸展性与方向性，即在视觉上表现出方向、运动和生长的特征。

　　街道是最典型的线性空间。扬·盖尔在《交往与空间》中认为，基于其线性特征，街道可以综合不同类型的活动，使各种空间元素相互融汇；街道可以通过柔性边界的处理产生吸引力，鼓励人们从私密走向公共；街道可以集中多个单独活动，使它们互相激发。无论是中国尺度近人的传统街道空间，还是中世纪欧洲注重立面装饰的商业街道，它们本质都是一种线性空间，同时作为社会生活的载体反映了鲜明的城市特色。

典型案例

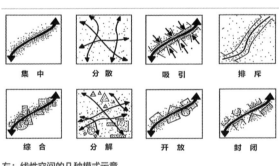

左：线性空间的几种模式示意

线性空间模式的特征包括：
指认：场所的位置、方向；
认同：某些人愿意去，符合他们的品位或能够产生共鸣；
群聚：性相近者相聚；
归属：有共同的目标，有回家的感觉；
交流：利于交流；
满足：在视觉或精神方面得到满足。
图文来源：盖尔.交往与空间 [M].何人可，译.北京：中国建筑工业出版社，2002（10）：74，95，107，114

右上：香榭丽舍大道
（Avenue des Champs-Elysées）

巴黎 法国
一条以自然风光为主的林荫大道，东段与塞纳河其中的一段平行，连续的花岗石铺装材料与两边的建筑相呼应，形成令人难忘的线性连续景观。
图片来源：王遥驰.通向仙境乐土的香榭丽舍 [J].走向世界，2016（18）：85

右下：苏州古城区的传统水系街巷空间

苏州 中国

非线性
Non-linear

非线性是相对于线性而言的，指不按比例、不成直线的关系，代表不规则的运动和突变，即变量之间的数学关系不是直线，而是曲线、曲面或不确定的属性。针对非线性关系进行研究的学科被称为非线性科学，也称复杂科学。不同于现代经典线性科学，它能够应对自然现象的复杂性，可以合理阐述不规则、自组织、动态或非平衡状态的多种复杂现象，是人类对自然及社会的一种全新认识理论。

建筑学中的非线性意味着建筑形体与内部空间都处于一种复杂的动态变化中，流动与变化成为空间的本质特征。非线性建筑往往不同于传统线性建筑的几何形式构造，建筑师需要运用非线性的空间思维方式，打破三维界面的常规限定，通过错位、折叠、扭曲等手法整合出多样化且具多种可能的空间。

在数字技术和计算机技术的支持下，非线性建筑取得了良好发展。当代先锋建筑师，如扎哈·哈迪德、库哈斯、里伯斯金、弗兰克·盖里和蓝天组，他们的作品中多运用非线性设计手法，建筑形象呈现出突破现代主义的矛盾性和复杂性，以及挣离平衡的模糊性和不确定性。

典型案例

纽约塔
（New York Tower，2007 年）
纽约 美国
[德] 丹尼尔·里伯斯金
（Daniel Libeskind，1946 年— ）
线条柔和的塔身不均匀分布着一些非线性的"伤口"，结构暴露却又布满绿植。建筑成为一个叙述故事和疗愈伤痛的生命体。
图片来源：https://bbs.zhulong.com/101010_group_201803/detail10041450/

银河 SOHO
（2009—2012 年）
北京 中国
[英] 扎哈·哈迪德（Zaha Hadid，1950—2016 年），2004 年普利兹克建筑奖获得者
建筑师将圆润、流动的体量相互聚结、分离、融合，连续而共同进化的形体自然围合成内向型庭院，再通过拉伸的天桥连接，形成内部连续的运动的流线，是非线性建筑的经典作品。
图片来源：大桥谕，张朔桐.随流而动北京银河 SOHO[J]. 时代建筑，2012（5）：77

梦露大厦
（Absolute Towers，2006 年）
多伦多 加拿大（Toronto，Canada）
马岩松（1975 年— ）
设计师希望突破现代主义的简化原则，通过建筑抽象盘旋的外部形象表达出一种更高层次的复杂性，来满足当代社会和生活的多样化、多层次、模糊化的多元需求。
图片来源：马岩松，早野洋介，党群.梦露大厦，密西沙加，加拿大 [J]. 世界建筑，2015（1）：107

新陈代谢
Metabolism

一个生物学概念，来源于德语"Stoffwechsel"，最先由德国生理学家希格瓦特（G.C.Sigwart）于1815年提出，指生物体内为了维持生命所进行的物质转化过程。衍生到建筑领域的新陈代谢，则指由黑川纪章、菊竹清训等日本建筑师为核心的新陈代谢派提出的一种规划理论。新陈代谢派主张城市和建筑不是静止的，而是一个具有生长、变化直至衰亡的动态过程，犹如生物新陈代谢一般。

这一理论在20世纪60—70年代流行于日本。"二战"后，日本很多城市变为废墟。一批以黑川纪章为代表的日本建筑师在面对这些需要重建的废墟时，认为原本呈现放射状构造的城市，在面临人口增加时会无法避免地产生混乱的现象。因此，他们认为建构出巨大结构体作为桥梁跨建在各个功能空间之中，使城市和建筑形成犹如细胞般的、具有清晰结构的组织体，可以使原本一成不变的建筑演变为能够成长变化的都市。此外，人工土地、海上文明以及代谢循环等思想理论也成为新陈代谢理念的基础。

直到今天，新陈代谢运动中批判和包容批判的建筑与城市理念，对建筑设计和城市规划依然具有一定的推动意义。

典型案例

左：中银舱体楼
（Nakagin Capsule Tower，1970—1972年）
东京 日本
右："螺旋城市"构想
（Spiral city）
[日]黑川纪章（Kurokawa Kisho，1934—2007年）
中银舱体楼是现代建筑史上第一座真正以胶囊般的建筑模块建造的建筑。它高54m共13层，由两座相互联结的大楼组成，共有140个预制建筑模块，一个单体的寿命大约为25年。整个建筑就是由这样一个个"胶囊"似的模块堆叠而成，并设计为可更换的。胶囊单元可以在工厂组装后运到施工现场，建造过程如玩拼图一般。黑川纪章还曾提出过"螺旋城市"的设想，他认为建筑可以像DNA一样成为能够自我复制的有机体。
图片来源：尹培桐.黑川纪章与"新陈代谢"论[J].世界建筑，1984（6）：115，116.

东京湾规划
（Tokyo Bay Plan，1960年）
[日]丹下健三
（Tange Kenzo，1913—2005年），1987年普利兹克建筑奖获得者。
丹下健三在"东京计划1960"中提出的东京湾规划，仿照生物生长，以一条横跨东京湾的高速公路系统作为规划轴线，并以其作为中脊横向拓展出一片漂浮在海上的巨构城市。其主要目的是探讨城市呈线性生长的必然性。
图片来源：章旭宁.浅谈"新陈代谢派"的设计思维[J].设计，2015（17）：53

"海上城市"构想
（Maritime city）
[日]菊竹清训
（Kikutake Kiyonori，1928—2011年）
菊竹清训的"海上城市"构想以大规模海域为背景，运用先进科技手段，将海面建筑物与海面下的大浮筒上下链接并保持平衡，以此来探讨海上漂浮城市和可移动城市的可能性。
图片来源：章旭宁.浅谈"新陈代谢派"的设计思维[J].设计，2015（17）：53

有机更新
Organic renewal

　　有机更新中的"有机"最初为 19 世纪出现的生物学概念，强调和谐、联系与整体。"有机更新"则是在"有机"的基础上衍生出的一种城市规划理论。它指城市犹如有生命的机体，同样有着类似生物体的新陈代谢过程。这个概念是由吴良镛于 1979—1980 年在北京什刹海地区的规划研究中首次提出的。

　　有机更新理论重视城市肌理，要求在城市更新过程中要满足三个整体性：1. 保持城市文脉整体性；2. 保持功能整体性；3. 保证更新过程整体性。有机更新理论的核心在于探讨一种处理过去、现在与未来三者关系的手法，反对以往极端的两种城市更新处理手法——全盘否定和照旧复原。它主张在城市（主要针对历史文化地段）建设更新的过程中应顺应原有城市结构，以其内在规律为核心，采用适当的规模和适合的尺度，生长出适应时代文化、技术和功能的新内容。这种生长更新的过程是一种结合历史人文，考虑文化和美学的过程，也是可持续的、生态化的动态过程。

典型案例

传统四合院

类四合院

北京菊儿胡同（1979 年）

北京 中国

吴良镛（1922 年—），建筑学家、教育家。
吴良镛先生带领的师生团队将有机更新的具体内容在北京菊儿胡同住宅改造中进行首次实践，并取得了成功。

上图来源：肖瑶，田静.中国古代建筑全集[M]. 北京：西苑出版社，2010：61
下图来源：翟睿.新中国建筑艺术史[M].北京：文化艺术出版社，2015：242

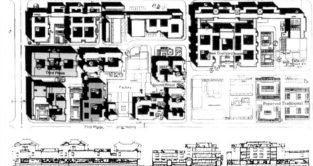

菊儿胡同街坊格局平面、立面示意图

此次设计原则与策略包括：
1. 不全部推翻，而是局部以旧代新，织补对城市肌理，保持片区的完整性；
2. 沿用原有肌理，保持棋盘式道路网架和街道胡同体系，用"新四合院"代替传统四合院；
3. 严格限制住宅建筑的高度（三层为主）；
4. 在保留建筑淡雅灰白色调和灰瓦白墙、大屋顶等结构形式的基础上，融合现代技术手法和居住功能需要，创造出新的四合院形式，与周围的四合院和谐统一。

图片来源：方可.当代北京旧城更新：调查・研究・探索[M]. 北京：中国建筑工业出版社，2000：197

隐喻
Metaphor

一种语言学的修辞手法，指借助于描述某种常见物体或概念的词句来表示另一物体或概念，从而能够通过这种暗示体现本体和喻体之间的关联。

建筑领域中的隐喻通常是指建筑师在设计建筑时用一些特殊的建筑形态、空间处理手法，甚至是引用某些易引发使用者共鸣的历史片段来表达建筑的内涵，以及建筑与人、文化、自然、历史的关系。建筑的隐喻主要依据特定符号的引用来创造令人遐想的建筑空间形象，让使用者能通过感受建筑传达出的内涵来达到情感上的认知，使建筑除了具有实用价值外，还具备美学价值。

1977年，美国建筑师罗伯特·斯特恩（Robert A.M.Stern，1939年—）发表了《现代主义运动之后》（After Modernism Movement），文中首次将隐喻主义作为一种系统的理论提了出来。实际上隐喻主义最早体现在后现代主义建筑中，后发展为基于符号学理论的后现代隐喻主义。因此，隐喻主义在后现代主义建筑中表现最为典型。

波特兰市政大厦
（The Portland Building，1982年）

波特兰 美国（Portland，USA）
[美]迈克尔·格雷夫斯（Michael Graves，1934—2015年）
波特兰市政大厦是格雷夫斯将现代建筑与隐喻性的建筑装饰相结合，体现古典性隐喻建筑语言的代表性作品。
图片来源：刘昌晖，刘勇.格雷夫斯的后现代主义装饰思想研究 [J].上海工艺美术，2019（3）：112

筑波中心大厦
（Tsukuba Center Building，1983年）

筑波 日本（Tsukuba，Japan）
[日]矶崎新（Isozaki Arata，1931年—），2019年普利兹克建筑奖获得者。
建筑师运用后现代主义常用的隐喻、象征以及多元共生手法，将历史和当代的多种建筑样式加以变化，并融合到建筑形象中。
图片来源：郭黛姮.20世纪东方建筑名作 [M].郑州：河南科学技术出版，2000：136

象征
Symbolism

来源于希腊语，在语言学中是一种修辞方法，其意思可概括为以外界存在的具体事物为标志来表现抽象意义，目的是创造某种意境，从而引发人的联想，赋予形象客体超越自身意义的思想内蕴。

建筑范畴内的象征作为一种建筑语言和表现手法，出现于 20 世纪 60 年代现代建筑运动晚期，而后被广泛运用。象征的处理手法意在通过一定的建筑形象来暗示某种抽象的情绪观念，使人产生丰富联想。以大空间建筑为例，其极富表现力的结构或建筑形象，通常用来暗示一些与其环境特点有一定关联性的建筑内容。

无论建筑形象以何种形式予以暗示，其传达出来的意义不仅与建筑的客观形象有关，同时还与历史文化背景和个体行为心理等产生关联。所以不同的人，尤其是建筑的使用者和观赏者，对于象征的理解也是模糊而多元的。但是无论引起人们怎样的情感反应，建筑都在表达一种气氛，或庄严肃穆，或开朗明快，从而唤起人们心中复杂多样的情感体验。

典型案例

手的联想　　鸟的联想

帽子的联想　　船的联想

天坛祈年殿
（ the Hall of Prayer for Good Harvest，始建于 1420 年 ）

北京 中国
直径 32.72m，鎏金宝顶蓝瓦三重檐攒尖顶，总高 38m。殿内有 28 根金丝楠木大柱，里圈的 4 根寓意春夏秋冬四季，中间一圈 12 根寓意 12 个月，最外一圈 12 根寓意十二时辰以及周天星宿，圆形符号也象征了中国古代科学对宇宙"天圆地方"的认识。
左上图片来源：林正楠 . 古典建筑 [M]. 合肥：黄山书社，2012：74
右上、下图来源：李乾朗 . 穿墙透壁：剖视中国经典古建筑 [M]. 桂林：广西师大出版社，2009：267，270

朗香教堂
（ La Chapelle de Ronchamp，1950—1954 年 ）

朗香布雷蒙山 法国
（ Mont Blanc，France ）
[法] 勒·柯布西耶
20 世纪最伟大的建筑师之一，与格罗皮乌斯、密斯、赖特并称现代建筑四位大师。图为不同人对朗香教堂的形象所形成的不同联想。
图片来源：吴焕加 . 论朗香教堂（上）[J]. 世界建筑，1994（3）：59，61

悉尼歌剧院
（ Sydney Opera House，1973 年 ）

悉尼 澳大利亚（ Sydney，Australia ）
[丹麦] 约翰·伍重
（ Jorn Utzon，1918—2008 年 ）
悉尼歌剧院是 20 世纪最具特色的建筑之一。外观为三组巨大的壳片，在海边象征被风吹鼓的帆，与背景悉尼港湾大桥相映成趣。
图片来源：裴振宇 . 营造法式与未完成的悉尼歌剧院：尤恩·伍重的成与败 [J]. 建筑学报，2015（10）：21，25

■ 067

元空间
Meta space

　　"元"是类型学的基本概念之一。原意是指一个抽象的空间体，是生成空间的空间，是固化在认知者大脑中的一个特有的空间。元空间是由认知者最初在认识和改造客观世界的过程中形成的，具有自身的认知特性。

　　在建筑领域中，元空间可以研究建筑的本体空间，也就是建筑的存在与生成。从其原始意义上来说，建筑存在于自然世界之中，产生于自然启示和人类生活需要的结合。因此，追溯建筑的本质，应该是一种人性的空间，对于此空间的设计应满足人的物质与精神需求，赋予人类活动的各种意义。

　　通常，建筑师利用建筑类型学来研究建筑的"元"理论，进而了解设计的"元范畴"。在设计的过程中，利用类型的方法区分出"元"与"对象"，以及"元设计"与"对象设计"的层次，生成一套属于"元语言"层次的字母单位与方法，从而以"元语言"构造出具体的建筑作品。

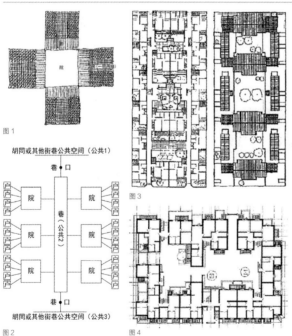

图1

图2

图3

图4

典型案例

菊儿胡同
（Ju'er Hutong，1979 年）

北京 中国
吴良镛
建筑师在进行方案设计之前进行了一段长期的"元设计"阶段，对全国各地合院的结构共性，如苏州典型合院以及北京四合院的院落结构进行了深度研究，追溯了合院的历史本源和背后的深层结构。在构造出四合院空间的"元空间"后，再将其组织运用到菊儿胡同的方案设计中，也就是此次设计中的"对象设计"。
图1：王国维《观堂集林》中对四合院形成的推想
图2：院一巷一体化空间结构
图3：前期研究"合院组群"模式研究
图4：菊儿胡同第二期工程乙院落成方案
图片来源：吴良镛. 北京旧城与菊儿胡同 [M]. 北京：中国建筑工业出版社，1994：107，127，121，141

灰空间
Grey space

　　通常，起到过渡作用的空间常被称为灰空间。在共生思想下，灰空间是在建筑的内部和外部空间中间，创造出的一种性质模糊、介于两者之间的、特殊性的第三类空间。

　　"灰空间"作为建筑学概念最早是由黑川纪章提出的。其本意是指建筑与其外部环境之间的过渡空间，以达到室内外融合的目的，比如建筑入口的柱廊、檐下，建筑群周边的广场、绿地等。创造"灰空间"的目的在于给予人心理上的过渡转换，从一种类型的空间过渡到另一种类型时，有一种驱使内外空间交融的意向。

　　在现代设计中，人们经常将灰空间的手法运用到建筑设计和场地营造之中，用来创造出一些特殊的空间氛围，以增加空间的层次、丰富空间的界面。

中国古典园林建筑中的亭、台、榭、廊、舫、轩，传统水乡街巷都具有典型的灰空间特征。
图片来源：朱彤，徐从意，王朝侠.浅谈园林道路规划设计[J].天津美术学院学报，2010（6）：76

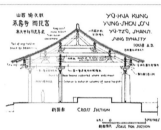

中国古代传统建筑中的侧缘空间剖面图
图片来源：梁思成.图像中国建筑史：英文原著[M].北京：中国建筑工业出版社

福冈银行总部
（Head Office of the Fukuoka Bank，1975年）

福冈 日本（Fukuoka，Japan）
[日]黑川纪章
建筑师利用灰空间设计手法，将建筑室外环境引入内部，室内空间延伸到外部，自然与建筑相互渗透、共生，形成了良好的平衡。
图片来源：福冈银行新本部大楼[J].风景园林，2009（1）：130，131

典型案例

现代主义
Modernism

现代一词源于拉丁文 modernus，用来与古代表示区分。目前对于现代时期的划分，公认的说法是 18 世纪启蒙运动以后的历史时期。现代主义就是指在这一时期产生的涵盖多种艺术创作手法的文艺思潮，其在建筑领域的影响主要体现在 20 世纪上半叶。当时的西方建筑界，现代主义是处于主导地位的建筑思想，它主张摆脱传统建筑规律的约束，提出"形式追随功能"的理念，注重空间组合与周边环境的处理，强调现代社会的工业化生产，注重新材料、新技术的应用，表现新结构的特点，突出建筑新的时代审美观。

20 世纪初，勒·柯布西耶在其著作《走向新建筑》中提出现代建筑五原则，对现代主义建筑设计思想的形成有着标志性意义。他和格罗皮乌斯、密斯·凡·德·罗、赖特并称现代主义建筑四位代表人物。

典型案例

包豪斯校舍
（Bauhaus，1919 年）
魏玛 德国（Weimar，Germany）
[德] 沃尔特·格罗皮乌斯
（Walter Gropius，1883—1969 年）
包豪斯校舍采用不对称的建筑体块组合，建筑体量高低错落，整体空间构图简洁灵活。设计构思摆脱了对称构图概念，依据功能的不同进行合理组合，体现了"功能分区"的理念。
图片来源：秦华.包豪斯校舍的建筑设计三大原则初探 [J].美与时代（中旬刊）·美术学刊，2013（6）：79

范斯沃斯住宅
（Farnsworth House，1945—1951 年）
伊利诺伊州 美国
[德] 密斯·凡·德·罗
密斯提倡新式建筑理念，从平面上可以看出，室内几乎没有真正意义上的"墙"，只有可移动的隔断。4 个立面采用大面积整体玻璃，使用现代化工业技术产品最大限度地增大空间透明性。整个建筑从轻薄的钢构柱到室内布局都体现出密斯"少即是多"的设计理念。
图片来源：马超.居住建筑类型的转变：范斯沃斯住宅与混凝土器对比分析 [J].北京：城市住宅，2020（7）：71，72

西格拉姆大厦
（Seagram Building，1954—1958 年）
纽约 美国
[德] 密斯·凡·德·罗
这是密斯运用简化的结构体系、精简的构造创造出现代高层建筑的典范。钢结构与玻璃幕墙共同表现出的机器美学成为早期现代主义建筑的一种重要风格。
图片来源：MARGARET，MAILE，EZRA，等.经得起时间的考验：纯正原创的回顾及其对现今照明设计的重要作用；写于美国纽约西格拉姆大厦建成 50 周年 [J].边宇，译.照明设计，2006（5）：33

后现代主义
Postmodernism

20 世纪 60 年代以来，西方愈发不满于现代主义理性至上的观点，因此，一种具有反近现代哲学体系倾向的思潮出现了，这种思潮被称为后现代主义。在一定程度上，后现代主义是对现代主义的反动。

美国建筑师罗伯特·文丘里的《建筑的复杂性与矛盾性》和美国建筑评论家查尔斯·詹克斯（Charles Jencks，1939—2019 年）的《后现代建筑语言》相继问世，两部作品正式讨论了后现代主义建筑。

后现代主义实际上是对 20 世纪 20 年代出现的正统现代主义单一理性的修饰与改造，进而发展为覆盖多种流派与创作手法的多元化建筑思潮，主要表现手法有隐喻和象征等。从根本上来讲，它对现代主义的批判性延续具有一定的积极意义。

典型案例

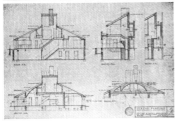

母亲之家
（Vanna Venturi House，1962 年）

费城 美国（Philadelphia，USA）
[美] 罗伯特·文丘里
（Robert Venturi，1925—2018 年），1991 年普利兹克建筑奖获得者。
这是文丘里为母亲设计的一所住宅。它体现了文丘里所提出的建筑的复杂性和矛盾性，以及以非传统手法对待传统建筑的主张，成为后现代主义建筑的宣言。
图片来源：文丘里.建筑的复杂性与矛盾性 [M].北京：中国建筑工业出版社，1991：126

迪士尼世界天鹅海豚酒店
（Walt Disney World Swan and Dolphin Resort，1990 年）

佛罗里达州 美国（Florida，USA）
[美] 迈克尔·格雷夫斯
格雷夫斯在整个设计中发挥想象，多次运用隐喻和象征手法，以自然灾害为构思出发点，创造出以海豚和天鹅为独特象征符号的建筑形式风格。
图片来源：邓庆坦，邓庆尧.当代建筑思潮与流派 [M].武汉：华中科技大学出版社，2010：38

美国电报电话大厦
（AT&T Building，1984—1987 年）

纽约 美国
[美] 菲利普·约翰逊
1979 年首届普利兹克建筑奖获得者。
这幢建筑堪称后现代主义建筑中规模最大、最负盛名的代表作。约翰逊运用隐喻手法，将古典建筑的屋顶山花、入口拱券抽象变形，融入这座现代化建筑中，完美呈现出建筑的对称性和古典性。
图片来源：大师系列丛书编辑部.菲利普·约翰逊 [M].武汉：华中科技大学出版社，2007：11，97

形态
Morphology

该词来源于希腊语形式和逻辑。"形",指形状、形体等,指事物的表现形式;"态"则指状态,即事物的存在状态。顾名思义,"形态"就是物体的形状和状态。《不列颠百科全书》这样解释"形态学"概念:"生物学的一个分支,研究整个植物及其微生物的形体和结构。"

建筑形态包含建筑的外部形式和内部结构两个方面,其结构不仅指实体结构,而且涉及建筑组成要素的组织结构和逻辑,与数学几何、力学和材料等领域相关。从更为宏观的层面上来看,建筑学所探讨的形态还包括城市形态。城市形态是城市发展内在要素的外在空间体现,是城市政治、经济、社会结构、文化传统等内在因素在城市平面形式、内部组织、建筑单体和建筑群体布局上的反映。可以说城市形态是城市的物质形式及其人文内涵的综合性表达。

建筑的形态是建筑师在其建筑创作中展现其意志与理念的最直观表达,如何处理好形态、结构与空间之间的关系,使其达到和谐状态也是当代很多建筑师所探讨的关键问题。

典型案例

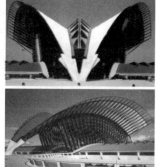

密尔沃基美术馆
(Milwaukee Art Museum, 2001 年)

威斯康星州 美国(Wisconsin, USA)
[西]圣地亚哥·卡拉特拉瓦
(Santiago Calatrava, 1951 年—)
卡拉特拉瓦是在建筑形态方面卓有建树的建筑师。运动感是卡氏作品最为感人的形态,他的作品在解决工程问题的同时也塑造了自由流动的建筑形态,并且形成自身的结构逻辑。运动便贯穿于这样的结构形态,并潜移默化于每个建筑细节之中。密尔沃基美术馆的钢结构羽翼、倾斜桅杆共同创造出诗意般的结构体系和富有运动感的整体效果。
图片来源:刘谷岷,陈小兵.现当代建筑艺术赏析 [M].南京:东南大学出版社,2011:170,172

里昂机场铁路客运站
(Lyons Airport Railway Station, 1989—1994 年)

里昂 法国(Lyon, France)
[西]圣地亚哥·卡拉特拉瓦
这座车站优美的造型犹如一只展翅高飞的"大鸟",设计师将钢、混凝土、玻璃和光有机地结合在一起,创造出玲珑剔透、令人为之一振的建筑作品。
上图来源:兰坦布里,贝文,朗.国际著名建筑大师建筑思想·代表作品 [M].邓庆坦,解希玲,译.济南:山东科学技术出版社,2006:30
下图来源:卡拉塔瓦,贺卫平.里昂机场铁路客运站 [J].世界建筑,1996(3):39

沃兰汀步行桥
(Volantin Footbridge, 1994—1997 年)

毕尔巴鄂 西班牙(Bilbao, Spain)
[西]圣地亚哥·卡拉特拉瓦
桥梁主体结构是由高 14.6m、直径 75cm 的钢管弯拱,支撑着 4.75m 宽的曲形桥面组成。抛物线形的钢拱优雅精巧地落在引桥上的三角形桥墩上。
图片来源:大师系列丛书编辑部.圣地亚哥·卡拉特拉瓦的作品与思想 [M].北京:中国电力出版社,2006:141

形制在《现代汉语词典》中有三个解释：一指以有利的地理形势来驾驭天下，二是指形状、款式，三指文学作品的形式、体裁。形制包括自然形态和人工制作两个方面。简言之，形制就是包含社会文化意义的形态或形式特征。学术界有一门专门研究形制的学科叫形制学。

在建筑学领域如何探讨形制？建筑形制研究所关联的领域十分广泛。它包含形态学（建筑或城市的外在形态）、拓扑学（建筑或城市的空间结构）、类型学，还涉及材料、技术、制度、文化以及历史。具体内容上包括总体格局及其成因，建筑选址、平面布局、空间形态，还包括建筑的特征、类型等。

中西方建筑均有蕴含了自身文化、历史内涵的建筑形制。中国古代的《营造法式》所记载的各种建筑物构件的搭接规律及屋顶样制，就是中式建筑形制的代表之一。而西方古典形制最早起源于古希腊罗马，穹顶、柱式等均是西方古典建筑形制的主要体现。

1. 帕齐礼拜堂（Cappella dei Pazzi）　2. 圣玛利亚感恩教堂（Cenacolo e Santa Maria delle Grazie）

3. 圣灵教堂（Basilica di Santo Spirito）　4. 坦比哀多礼拜堂（Tempietto of San Pietro）

古罗马教堂不同穹顶形制剖面图

图片来源：梁思成，林洙. 梁思成图说西方建筑 [M]. 北京：外语教学与研究出版社，2014：16, 18, 38, 56

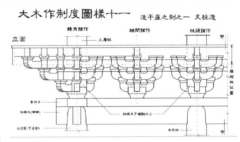

中国古代的建筑形制由"样""造""作"三个方面构成。"样"是指形状模样，通过设计形式表达设计意图，提供直观的形象感，是建筑营建的第一步；所谓"造"就是选取结构类型和确定构造做法。可以说，"造"是"样"在技术上的深入和具体化，目的在于实现结构形式的标准化和构造做法的定型化；"作"则是指专业工种的意义，反映的是营建过程的专业分工、工种配合及工程筹划。

图片来源：张复合. 建筑史论文集第 17 辑 [M]. 北京：清华大学出版社，2003：37

1 庑殿顶　　2 歇山顶　　3 悬山顶　　4 硬山顶

中国古代建筑屋顶形制分为四种，即庑殿、歇山、悬山、硬山。

图片来源：刘敦桢. 中国古代建筑史 [M]. 北京：中国建筑工业出版社，1984：15

有机主义
Organicism

　　有机一词原指跟生物体有关的或从生物体来的化合物。现引申指事物的各个部分互相协调与关联，同时又具有统一性。

　　建筑学中的有机主义形成于 20 世纪中期，是现代建筑运动中的一个派别，代表人物为美国建筑师弗兰克·劳埃德·赖特。有机建筑思想主张每个建筑的形式与结构以及与之有关的各种问题的解决，都要依据各自的内在因素来思考，力求合情合理。这种思想的核心就是"道法自然"，即要求依照大自然所启示的道理与规律行事，而不是简单地模仿自然。赖特认为自然界是有机的，建筑应像藤蔓一样植根于环境之中。与此同时，芬兰建筑师阿尔瓦·阿尔托认为建筑应当创造人与环境之间的和谐关系，这一建筑主张也促进了有机主义思想的发展。

　　随着绿色建筑理念的发展，当代有机主义建筑的内涵不断丰富，20 世纪 80 年代后发展为"新有机主义"。这是新技术对赖特有机主义的拓展与完善，当代有机主义也更加注重人本思想和建筑的可持续性发展。

典型案例

左：流水别墅
（Fallingwater，1936 年）

宾夕法尼亚州 美国
[美] 弗兰克·劳埃德·赖特
建筑充分利用地形高差创造多重交叉叠合的几何平面，将周围大自然里的流水和整栋建筑融合成一体，整个建筑形式独特，雕塑感极强，是赖特有机主义建筑理念的代表之作。
图片来源：王发堂.赖特的建筑思想研究 [J].北京：建筑师，2011（2）：57

右：帕米欧结核病疗养院
（Paimio Sanatorium，1929—1933 年）

帕米欧 芬兰（Pamio，Finland）
[芬] 阿尔瓦·阿尔托
阿尔托倡导建筑、人与环境和谐相处，因地制宜，建筑形态与环境协调，创造与自然相得益彰的人工环境。在帕米欧结核病疗养院设计中，整个建筑依地势起伏铺开，平面大致呈长条状，由通廊连接，各条之间不相互平行，功能与形式自由结合，与周围环境和谐统一。
上图来源：唐建，梁娅娜.帕米欧的思考 [J].室内设计与装修，2005（4）：58
下图来源：金秋野.重逢阿尔托 [J].建筑学报，2014（4）：82

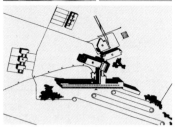

机械主义
Mechanism

机械主义起源于 20 世纪初，现代主义大师们为机械主义建筑设计提供了新思路：格罗皮乌斯主导的包豪斯建筑教育体系否定以往的手工艺制造，关注工业化的机械生产，致力于将建筑转化为机械产品，机械主义由此兴起；柯布西耶提出了"住宅是居住的机器"的观点，将现代主义建筑引向工业化生产；密斯的作品侧重展现机器时代的建筑结构、构造和工艺的新式样。他们为机械主义建筑奠定了理论和实践基础，完整的机械主义建筑设计体系逐渐形成。

20 世纪 60 年代，英国一批青年建筑师成立了"建筑电讯派"（Archigram，又称"阿基格拉姆"），通过新技术革命对现代主义建筑进行反思。70 年代出现了世界范围的高技派，他们主张将机械和构造部件作为建筑外部形式构成的表现要素，代表作有皮亚诺和罗杰斯设计的蓬皮杜艺术中心。高技派在当代又有了进一步发展，将高技术与绿色生态理念相结合，同时注重人的使用感受，形成了高技术、高情感、高生态的思想理念。

典型案例

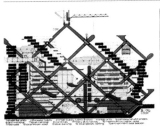

插入城市构想
（Plug-in city，1962—1964 年）

[英] 彼得·库克（Peter Cook，1936 年—）彼得·库克是建筑电讯派创始人之一，他针对现代城市规划的背景下人们生活空间狭小的社会问题，提出新的解决方案：城市以 45°的骨架构成，嵌入居住、商业、办公、交通等不同的功能单元，组合形成一个串联密布无数社区插件的巨构型城市。这一设计方案打破了建筑必须永固、城市必须在地的观念，尝试将建筑和城市从地理的禁锢中释放出来。
图片来源：梁允翔.最后的先锋派：国际情境主义和建筑电讯派 [J].建筑师，2011（6）：8

关西国际机场
（Kansai International Airport，1988—1994 年）

大阪 日本（Osaka，Japan）
[意] 伦佐·皮亚诺
不锈钢板和黑色玻璃组成的弯曲外壳包裹着建筑内部的巨构空间，结构外露，关西国际机场是皮亚诺作为早期高技派的代表作之一。
图片来源：吴耀东.日本关西国际机场候机楼 [J].世界建筑，1996（03）：57，58

瑞士再保险总部大厦
（The Seagram Building，2004 年）

伦敦 英国
[英] 诺曼·福斯特
作为当代高技派代表人物之一，福斯特将高度激进的高层生态建筑意识融入瑞士再保险总部大厦的设计之中。他将空气动力学原理与建筑设计相结合，不仅使大厦取得最大限度的自然采光和通风，还将建筑运转的能耗降至最低。这一伦敦最大的高层生态建筑成为当代高技派建筑发展中的一次成功实践。
图片来源：唐海艳，李奇.房屋建筑学 [M].重庆：重庆大学出版社，2015：23

言语
Parole

　　言语一词出自瑞士语言学家索绪尔的《普通语言学教程》，指静态说话结果和动态说话行为的总和，既包含个人言语行为，也包括社会言语行为。可以说，言语是将被动的语言规则与普遍语法经过个体机能组织后，产生的一种主动而个性化的经验现象。

　　索绪尔认为，言语与语言是紧密相连且互为前提的。语言是言语让人理解并产生它所含有的效果的基础；而言语活动对于语言的创建也是，这种关系好比是个人与社会之间相互依存的关系。两者最大的区别在于语言作为一种社会事实和普遍惯性具有明确的同质性，而交际实践中的个人言语行为则包含着许多异质性成分，比如说话主体自身的思想。

　　与我们常用的建筑语言相比，言语一词在建筑领域使用较少。但类比来看，个别的建筑创作可以视作一种言语活动，是通过特定的建筑形式来表达创作者的思想，或表现建筑风格特点的个人行为。建筑言语是利用建筑语言将建筑概念转译为具体建筑形态的过程和建筑呈现的具体内容。言语活动会因其地域性、文化差异等产生多样性，同理，建筑师思维方式、风格流派、地域文化背景或历史时期的差异等都会带来建筑言语的不同。

概念术语

《结构主义》
（ Le Structuralisme ）

[瑞士] 皮亚杰
倪连生、王琳译，商务印书馆，
1987 年。

结构主义的主要研究对象是文化，认为"文化是各种表现系统的总和"，其中最重要的系统是语言。
皮亚杰在《结构主义》一书中指出结构主义的共同特点有二：
一是认为一个研究领域里要找出能够不向外面寻求解释说明的规律，能够建立起自己说明自己的结构来；
二是实际找出来的结构要能够形式化，能够作为公式应用演绎法。
并指出结构有三个特性：
①整体性；
②具有转换规律或法则；
③自身调整性。
故"结构"就是由具有整体性的若干转换规律组成的一个有自身调整性质的图式体系。

语言与言语的关系
区别：语言是一种社会公认的社会契约，是一种约定俗成的意义系统，是心理的而不是抽象的。它具有社会性、同质性、系统性和稳定性。而言语则是一种具有选择性和现实化的个人活动，它具有鲜明的个别性、多样性和异质性。
联系：语言和言语实质上是一种一般规律与具体个别的关系，紧密联系、不可分割、相互依存。语言是庞杂的言语活动事实中可确定的那部分对象，是言语行为的主体部分，并使言语活动成为统一体。语言既是言语的工具，又是言语的产物。

《普通语言学教程》
（ Course in General Linguistics ）

[瑞士] 费尔迪南·德·索绪尔
高名凯译，商务印书馆，1980 年。

语言指一个社会共同体中所有人共同使用并遵循的一种抽象而稳定的通用说话规则，代表着整个社会的语言系统。它是人类表达思想和观念的符号系统，是一种以民族或地域为单位的文化现象。索绪尔认为语言是言语活动的主要部分，是言语机能的社会产物，又是个人行使此机能所采用的必要规约，语言和言语共同构成完整的言语体系。

建筑学意义的"语言"可追溯至 1745 年法国建筑师杰曼·博弗兰德（Germain Boffrand，1667—1754 年）的《论建筑篇》（*Livre d'Architecture*），他首次用语言规则来比拟建筑各部件之间精确和规范的关系。20 世纪 70—80 年代期间，《现代建筑语言》与《后现代建筑语言》的激烈争论使得建筑语言概念蓬勃发展起来。

建筑语言的含义本质上包含两个层面：其一，表达建筑师精神意志、设计概念的表现形式与表达方式；其二，建筑设计中的材料、空间、装饰等元素的运用。从更深层次来看，亚历山大的"模式语言"、阿尔多·罗西的"图像语言"和矶崎新的"手法语言"都极大丰富了建筑语言学的内涵与外延，并孕育出一系列经典作品。

《现代建筑语言》
（ *The Language of Modern Architecture* ）
[意] 布鲁诺·赛维
（Bruno Zevi，1918—2000 年）
席云平、王虹译，中国建筑工业出版社，2005 年。

建筑语言按系统类别分，包括范式语言、模式语言、图示语言、手法语言、符号语言等。按历史阶段划分则有古典建筑语言、现代建筑语言。赛维在《现代建筑语言》一书中提出了现代建筑语言常见的七个特征：

1. 按功能设计
2. 反古典的对称构图
3. 反古典的三维透视法
4. 时空一体的四维分解法
5. 引进新技术新结构
6. 时空连续的流动空间
7. 建筑、城市和自然景观结合

赖特的流水别墅体现了现代建筑语言的所有七条特征
图片来源：赛维.现代建筑语言[M].席云平、王虹，译.北京：中国建筑工业出版社，2005：41

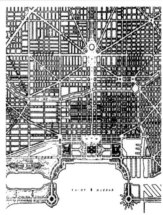

阿尔多·罗西以明晰的图像语言阐述城市结构的内在逻辑
图片来源：罗西.城市建筑学[M].黄士钧，译.北京：中国建筑工业出版社，2006：62

路径
Path

　　路径原指呈线性形态的运动轨迹或是运动的通道，一般指道路、街巷、运输线等，也可是视线的通道。路径作为城市意象认知要素则是由凯文·林奇在《城市意象》一书中提出的。

　　凯文·林奇运用心理学方法对城市空间形态进行研究，将路径作为城市意象认知的五要素之一。路径是城市意象认知要素中构成城市结构骨架的主导元素，也是城市设计中支配性的构成要素之一，它具有连续性、方向性、可识别性和可度量性等特征。大量重复的并有规矩可循的路径可以形成一个网状空间系统，其意象能够通过强化城市特色、空间特性、空间活动及功能、立面特征等方面来塑造。建筑师可以借助路径观察城市的道路和街道的景观及尺度，也可把各种环境因素组织串联起来。可以说，路径与人的关系十分密切。

　　在城市设计中，建筑师、规划师可以运用城市意象五要素，迅速对城市建立起较为完善的结构系统。五要素理论既能够运用于对历史城市的分析，也能应用于对当代城市设计与建设合理性的检验和审视，对于营造出鲜明的、有活力的、可读的现代城市意象具有较大的理论意义。

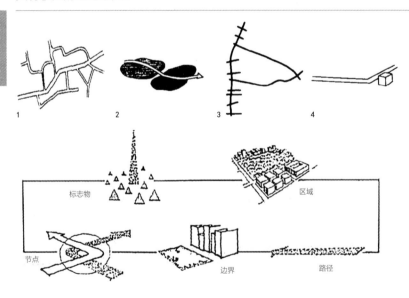

1. 路径具有连续性，可形成网状空间系统。
2. 路径具有方向性和可度量性，可以通过出入口标志物增强方向感并便于度量。
3. 大多数道路都是具有关联性的。
4. 路径方向的转变可通过在显著位置设置标志物来增强视觉的注意力。
图片来源：林奇.城市意象[M].方益萍，何晓军，译.北京：华夏出版社，2001：35，36，40，42

区域
District

　　区域一词来自于现象学，是一个场所概念，最早出现于舒尔茨的《场所精神：迈向建筑现象学》一书中。原指土地的界化，有界限、范围之意。区域作为城市意象认知五要素之一，也是由凯文·林奇在《城市意象》一书中提出的。

　　舒尔茨的存在空间论主张空间是有机体与环境相互作用的产物，他认为人对世界的认知是由中心出发，形成路径，并由路径划分区域，从而获得他所能及的世界的认知图式。这种图式概念不涉及科学定量，而只是纯粹的拓扑关系，如临近、分离、连续等。

　　凯文·林奇在《城市意象》中将区域作为城市意象的基本元素，他认为其主体物质特征的连续性，即主题的连续性决定了区域的划分，包括多种多样的组成部分，比如文化、肌理、功能构成、形态、地形、民居等。这些组成要素因其具有的易于感知的典型特征通常可作为一个意象群组或主题单元。不同空间的主题单元能够体现不同区域的特色，也可被用作外部空间的参照物。

概
念
术
语

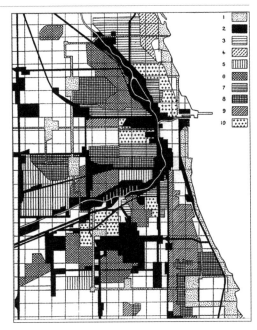

上：凯文·林奇城市意象五要素之一：区域

区域是城市内部中等以上的分区，它通常包括一个城市的典型特征，如建筑形式、街区尺度、地形特征等，这些物质特征往往能够组合成一系列连续的主题单元。

左：区域与路径、标志物、节点的关系示意图

区域具有复杂性，在尺度上比其他元素大，能够包含它们，因此与各种不同的路径、标志物、节点产生关系。

图片来源：林奇.城市意象[M].方益萍，何晓军，译.北京：华夏出版社，2001：36、65

右：芝加哥按照族裔群体所做的城市用地划分和区域规划

1. 主要公园和干线；2. 工业和铁路用地；3. 德裔居民区；4. 瑞典裔居民区；5. 捷克斯洛伐克裔居民区；6. 波兰和立陶宛裔居民区；7. 意大利裔居民区；8. 犹太裔居民区；9. 黑人居民区；10. 混合区

图片来源：罗西.城市建筑学[M].黄士钧，译.北京：中国建筑工业出版社，2006：67

模式
Pattern

　　指事物的标准样式，在科学研究中通过图形或程式阐释对象的方法，是介于理论和实践之间的环节，具有一般性、简单性、重复性、结构性、稳定性、可操作性的特征。在实践中可指在一定条件内提供问题的抽象描述或元素组合的一般方法。模式在运用中必须结合具体的实际情况，实现一般性和特殊性的衔接，并根据环境参数的变化随时对结构与要素进行调整，以保证操作的可行性。此外，模式与现实事物具有对应关系，虽然它不具有一般事物的全部特征，但可以为人们了解事物提供线索，类似于模板。

　　建筑模式是由美国建筑理论家克里斯多弗·亚历山大在《建筑模式语言》中提出的。建筑模式语言是一种非格式化的逻辑式技术语言，通过将典型建筑形式与生活行为进行联系，来构成建筑模式。引入这个概念，是为了描述在建筑设计中所遇到的常见的困难并加以解决，在合适的条件下选择合适的建筑模式，同时便于学术工作中的分类。

概念术语

《建筑模式语言》
（*A Pattern Language*）
[美] 克里斯多弗·亚历山大著
（Christopher Alexander,
1936 年— ）
王听度、周序鸣译，知识产权出版社，2002 年。
本书分上、下两册，共提供了253 个描述城镇、邻里、住宅、花园、房间等的模式。书中介绍的所谓模式就是用语言描述与活动一致的场所形态。

253 个模式语言
（前 50 个）
1 独立区域
2 城镇分布
3 指状城乡交错
4 农业谷地
5 乡村沿街建筑
6 乡间小镇
7 乡村
8 亚文化的镶嵌
9 分散的工作点
10 城市的魅力
11 地方交通区
12 7000 人的社区
13 亚文化区边界
14 易识别的邻里
15 邻里边界
16 公共交通网
17 环路
18 学习网
19 商业网
20 小公共汽车
21 不高于 4 层楼
22 停车场不超过用地的 9%
23 平行路
24 珍贵的地方
25 通往水域
26 生命的周期
27 男人和女人
28 偏心核
29 密度圈
30 活动中心
31 散步场所
32 商业街
33 夜生活
34 换乘站
35 户型混合
36 公共性的程度
37 住宅团组
38 联排式住宅
39 丘状住宅
40 老人天地
41 工作社区
42 工业带
43 像市场一样开放的大学
44 地方市政厅
45 项链状的社区行业
46 综合商场
47 保健中心
48 住宅与其他建筑间杂
49 区内弯曲的道路
50 丁字形节点

"在每一个典型的街区，每一住宅都位于它自己的住宅团组的中心。"

"一个由 12 幢住宅组成的住宅团组。"

"土耳其农村的重叠式住宅团组。"

以第三十七个模式——住宅团组为例，"在某一公用地的四周或道路两侧安排建造住宅，以便形成粗糙但易识别的 8～12 幢住宅团组。"

图片来源：亚历山大. 建筑模式语言 (上) [M]. 王听度，周序鸣，译. 北京：知识产权出版社，2002：459、461、463

范式
Paradigm

由美国科学哲学家托马斯·库恩（Thomas Samuel Kuhn，1922—1996 年）提出，它指的是一个共同体成员所共享的信仰、价值、技术等的集合；或指常规科学所赖以运作的理论基础和实践规范，包括定律、理论以及仪器设备等在内的公认范例或模型，是从事某一科学的研究者群体所共同遵从的世界观和行为方式。后来，我们也把在一门领域内成为主导思想且对学科发展有着定向作用的某种理论称为范式。范式还为科学研究提供了可模仿的成功的先例，它归根结底是一种理论体系。范式的突破催生科学革命，从而使科学获得一个全新的面貌。范式在领域内还可以起到规范和限制的作用。

不同于其他学科，建筑学有着兼顾艺术与科学的特殊性，涵盖的内容较为复杂多样，因此其范式也具有多层次以及不定性的特征。建筑学范式早在几千年前便有着规范与评价建筑活动的作用。中国古代较为完善、成熟的建筑学范式著作有北宋时期的《营造法式》，它对建筑的样式设计、尺度比例、建造技术及施工过程等进行了全面的规范。古代西方的建筑学范式则莫过于古典柱式。而在当今的多元化时代，多种主义、流派并存，特定的范式无法支撑起庞大的体系，且当代建筑学是一个技术、生活和情感相互叠加的复杂系统，所以在进行建筑学学术活动时，可根据研究需要，针对不同层面制定最为合适的范式。

概念术语

《营造法式》

[宋] 李诫
人民出版社，2006 年。
《营造法式》是北宋官方颁布的一部有关建筑设计与施工的规范用书，是中国古代最为完整的建筑技术书籍，标志着中国古代建筑技术已经发展到了较高的水平。

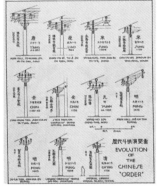

中国古代历代斗栱演变图

图片来源：梁思成.图像中国建筑史：英文原著 [M]. 北京：中国建筑工业出版社，1991：73

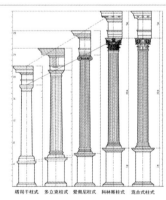

西方古典柱式

西方古典柱式包括古希腊三柱式和后来的罗马五柱式。柱式通常由柱子（柱础、柱身、柱头）和檐部（额枋、檐壁、檐口）两大部分组成，有时也会把房屋的台基列入考虑范围；各部分之间和柱距均以柱身底部直径为模数形成一定的比例关系。
图片来源：罗小未，蔡琬英.外国建筑历史图说 [M]. 上海：同济大学出版社，1986：59

感知
Perception

　　指有感觉器官的主体在受到外界刺激后，通过神经系统的传递到达心智，进而引起心智变化的活动。感知不同于感觉，感觉是被动的，而感知会因人的思维不同而产生不同的知觉体验，具有主观性。在哲学体系中，感知是以生物为主体与存在的所有客体的关系表达，它反映了主体与客体的逻辑关系，生物与环境关系的达成是生命主体的感知。也就是说，感知是生命的主体与客体的基本关系。主体通过感知体现客体的存在，是现代存在主义哲学论研究的重点。存在主义哲学的重要思想渊源之一——现象学也强调回到最原始的意识，通过"直接的认识"描述和分析现象与观念。

　　现象学引入建筑学领域后，以法国哲学家梅洛·庞蒂为代表的知觉现象学系统地阐述了人的感知与建筑空间和环境的关系。建筑知觉现象学（Architectural phenomenology）强调建筑的感知而非功能的重要性，感知是建筑体验、建筑评论的重要环节。它主张建筑的感知不仅体现在视觉，更体现在身处于建筑之中时来自各方面的知觉体验，通过建筑环境的营造可唤起体验者的内心情感，从而达到对该场所的认同与归属，进而唤起对建筑的感性情感，所以强调知觉的建筑学会注重场所精神的营造。

参考书目

《知觉现象学》
（ Phénoménologie De La Perception ）
[法]莫里斯·梅洛·庞蒂
（ Maurice Merleau Ponty，1908—1961年 ）
姜志辉译，商务印书馆，2001年。
该书对现象学的产生进行了详细描述，充分完善了现象学学说体系。知觉现象学主张回归最原始的意识状态，通过身体的感知与体验，突破传统心理学和传统哲学二元论框架的局限，展开人与世界、时间、空间、自由的新的对话。知觉现象学的诞生是整个现象学哲学发展史上重要的里程碑。

《建筑体验》
（ Experiencing Architecture ）
[美]S.E.拉斯姆森
（ S. E. Rasmussen，1848—1990年 ）
刘亚芬译，知识产权出版社，2003年。
作者阐述了建筑创作中各种艺术手法的应用，分别介绍了体验建筑的方法、角度，以及建筑创作中各种手法的运用，如建筑中的虚与实、尺度与比例、韵律、质感、光影及色彩等，帮助读者用客观、完整的手段去理解并评价建筑，从而加深人们对建筑艺术的理解。

　　认知，最早是承认血缘关系的法律用语，后用于哲学、心理学等范畴。认知是指通过感知活动，对形象进行分析、整合、归纳、反馈等，使其成为自身知识系统的一部分，是个体认识客观世界的信息加工活动。认知属于高级心理过程，需要逻辑思维的参与。个体的认知系统随着个体与环境的相互关系而不断完善并拓展。

　　建筑学的认知体现为非感性的认识，即在建筑体验之后可通过逻辑分析，判断出感官无法体会的，但同样直接影响建筑的要素，比如建筑构成、安全性、物理环境等，同时可将其纳入已知的建筑知识体系，以便对认知对象进行分析与归纳，比如建筑风格、流派等。它还要求认知者有一定的建筑素养，是建筑学术评价活动中的重要部分。以空间认知为例，人们通过在空间中移动而获得对它的认知。认知者首先在环境中学习，在此基础上体验空间，从而对环境关系的逻辑构成整体的把握，以便于分析、理解和运用空间。

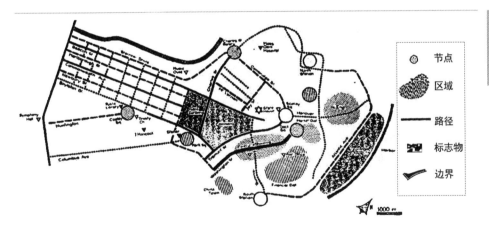

认知地图
（Cognitive Map）

"认知地图"这一概念是由 E.C.托尔曼（E.C.Tolman，1886—1959 年）在其对白鼠进行认知地图实验后首次提出的。它是在过去经验的基础上，产生于头脑中的、某些类似于一张现场地图的模型。简而言之，它就是大脑由于已知经历而产生的经验地图。凯文·林奇的认知地图由五要素构成（标志物、节点、区域、边界、路径）。他在城市研究中利用认知地图来研究人对周围环境的认知情况，并根据这 5 要素来分析波士顿、洛杉矶和泽西市市民的认知地图。

图片来源：林奇.城市意象 [M].方益萍，何晓军，译.华夏出版社，2001：11

塑性
Plasticity

　　该词源于力学概念，是指在外力作用下，材料能稳定地发生永久变形而完整性不被破坏的能力。建筑的塑性表现为动态可塑的非线性形式特征。

　　与传统建筑构成方式不同，塑性建筑多追求建筑形态的雕塑感，以曲线或曲面的构图及构造方式塑造出自由流动的形体，彰显其生命力。此外，塑性建筑对材料及其性能有着较高的要求，钢材及塑性混凝土具有良好的塑性变形能力，能够增强建筑形式的可行性，常用于塑性建筑创作。安东尼奥·高迪是创造塑性建筑的代表人物。

　　自然之美很大程度上是由曲线组成的。在建筑形式与设计内涵表达上，塑性建筑与仿生建筑不约而同地从大自然中追寻设计本源。当今，塑性建筑的创作多借助计算机辅助技术、数字化生成技术等创新设计手法结合现代科技，来实现其非线性形式的生成与建造，展现独特的塑性设计理念。

典型案例

圣家族教堂
（La Sagrada Familia，1882 年）
巴塞罗那 西班牙
[西] 安东尼奥·高迪
（Antoni Gaudi Cornet，1852—1926 年）
高迪通过繁复的象征符号和逼真的人物形象赋予建筑立面浓厚神圣的宗教象征意义，纷繁的逼真雕塑和打破古典均衡的视觉冲击使得建筑具有无法比拟的精神张力。
图片来源：薛恩伦，贾东东.高迪的建筑艺术风格[J].世界建筑，1996（3）：65

米拉之家
（Casa Mila，1906—1910 年）
巴塞罗那 西班牙
[西] 安东尼奥·高迪
受地中海景观与传统文化启发，连绵起伏的蛇形曲线自立面蔓延至室内，地中海花草植物与每一处扭曲多变的建筑细节有机结合，使得整个建筑充满了生命的律动感。
图片来源：薛恩伦，贾东东.高迪的建筑艺术风格[J].世界建筑，1996（3）：61

巴特罗之家
（Casa Batllo，1904—1906 年）
巴塞罗那 西班牙
[西] 安东尼奥·高迪
建筑物造型模拟长期被海水浸蚀及风化后孔洞密布的岩体，墙体如波涛汹涌的海面般富有动感。
图片来源：崔卯昕.西行归来"鬼才"高迪[J].建筑工人，2018（5）：44，45

弹性
Elasticity

与塑性相对，弹性指物体在外界因素作用下产生应变，并发生运动或可复原的变形的属性。引申到建筑学领域，弹性则作为一种设计理念而存在。弹性建筑空间具有能够满足多变需求的能力，且其结构能够满足灵活的空间布局。

弹性设计理念坚持"以人为本"来满足人类活动的需要，并注重科学性和艺术性相结合。可以说，弹性建筑理念是一种动态时空观。在时间上，将未来的发展变化和改造可能性纳入设计范围，在历史建筑改造中重视建筑生态环境的可修复性，在建筑内部设计中充分考量空间的可变性、构件的可调整性和功能的可置换性，能够根据社会发展和人们不断变化的需求来进行调整；在空间上，注重流动性和复合性，尝试将一部分功能空间进行释放，在新型科学技术和创新性设计概念的支持下，实现室内空间的自由开合。

弹性空间设计方法能够提高城市和建筑应对环境和需求变化的能力，使得建筑具有无限的可能。

典型案例

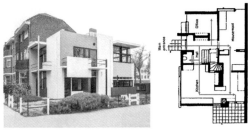

上海新天地
（New world of Shanghai，1924 年）

上海 中国
[美] 本杰明·伍德建筑设计事务所（Wood+Zapata）
[日] 日建设计事务所（Nikken Sekkei）
项目以上海近代建筑的标志石库门建筑旧区为基础，从保护历史建筑和城市发展角度做多方面考虑，将上海传统的石库门里弄与充满现代感的新建筑融为一体，赋予其新的生命力。
图片来源：罗小未.上海新天地广场：旧城改造的一种模式[J].时代建筑，2001（04）：28

施罗德住宅
（Rietveld Schröder House，1924 年）

乌得勒支 荷兰
[荷] 格里特·里特维尔德
建筑把功能空间从立方体的核心离心式地甩开，平面形态的组织秩序从规则的矩形到不规则的多边形。二层活动的墙和门可以折叠和隐藏，使整个空间成为开放的活动空间。
图片来源：薛恩伦.荷兰风格派与施罗德住宅[J].世界建筑，1989（3）：27，29

积极空间
Positive space

　　积极空间又称"正空间""P空间"，由芦原义信在《外部空间设计》一书中提出，指那些由人为意图框定的、有计划性的或者说有收敛性、功能性的外部建筑空间，这种空间被认为是"积极的"。

　　在建筑设计中，积极空间常被用来剖析建筑外部空间与人之间的关联。芦原义信提出建筑空间可分为收敛空间与扩散空间，并对这些空间的积极性和消极性，以及它们之间的关系进行了探讨。所谓积极空间的积极性，从空间论来说就是从外围边框向心规划秩序及功能，使这个空间具有计划性、秩序性，能够满足人的意愿。人们在这些空间里感到惬意且愿意使用。进一步而言，积极空间还被理解为人与空间之间存在自觉性的关系。因此，如何能够充分利用这些外部空间创造各种良好的积极空间，在建筑设计和城市设计中显得尤为重要。

概念术语

《外部空间设计》
(*Exterior Design in Architecture*)

[日] 芦原义信
（Ashihara Yoshinobu，1918—2003年）
尹培桐译，中国建筑工业出版社，1985年。本书主要分4部分，第一部分是外部空间的基本概念，并提出了积极空间和消极空间；第二部分是外部空间的组成要素，对尺度和质感进行了深入分析；第三部分是外部空间的设计手法，分别介绍了外部空间的布局、层次和序列等设计手法；最后一部分是外部空间秩序的建立，介绍了加法空间与减法空间、内部秩序与外部秩序。

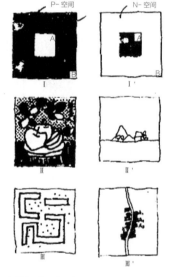

左侧Ⅰ、Ⅱ、Ⅲ图为B对于A可作为充实空白考虑的系列。右侧Ⅰ'、Ⅱ'、Ⅲ'图为对A图形来说B的空白未加充实的系列。前一系列是建立向心系列的观点，是有计划的。后一系列是离心的，是自然发生的。

图片来源：芦原义信. 外部空间设计 [M]. 尹培桐，译. 北京：中国建筑工业出版社. 1985：12

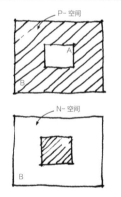

　　上图中，对于某对象A，如果将包围它的空间B看作框定的、有计划性的、功能性的内容，可以说B相对于A来说是积极的，则B空间就是积极空间。

　　下图中，当对于包围对象A的B空间是自然的非人工意图的，且有扩散性的内容时，B对A可以说是消极的，则B空间此时相对于A来说是消极空间。

消极空间
Negative space

消极空间又被称为"负空间""N空间"，它与积极空间相对，也是由芦原义信在《外部空间设计》一书中提出的。其定义与积极空间相反，指的是缺乏规划或人为的框定，像自然一样无限延伸，无计划性而有扩散性的外部建筑空间，往往无人使用或难以利用，不具备积极作用。

消极空间也是建筑外部空间和人之间相互关系的反映。城市的转变和快速发展带来了很多散漫的、于环境无益的，甚至易成为犯罪地点的空间。它们分布广、面积小，比如用处不明的废弃地、未知的建筑中介空间、道路和桥梁的边角空间等。消极空间和积极空间虽是相对的，但却可以相互转换。消极空间具有的潜力和价值也值得去研究、开发和利用。由此可见，正确利用消极空间可以使其满足人们的需求，将其转换为积极空间更好地融入城市空间，这也是现代建筑设计和城市设计中应该关注的问题。

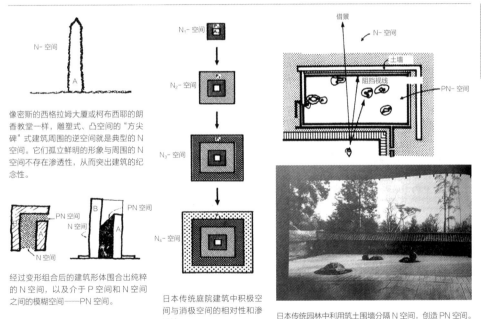

像密斯的西格拉姆大厦或柯布西耶的朗香教堂一样，雕塑式、凸空间的"方尖碑"式建筑周围的逆空间就是典型的N空间。它们孤立鲜明的形象与周围的N空间不存在渗透性，从而突出建筑的纪念性。

经过变形组合后的建筑形体围合出纯粹的N空间，以及介于P空间和N空间之间的模糊空间——PN空间。

日本传统庭院建筑中积极空间与消极空间的相对性和渗透性。

日本传统园林中利用筑土围墙分隔N空间，创造PN空间。

图片来源：芦原义信.外部空间设计 [M].尹培桐，译.北京：中国建筑工业出版社.1985：17，19，25

复古
Revivalism

　　复古是指重新利用旧时代的事物、元素或者理念，也可以理解为对已有物体通过合理的研究和一定的手法来还原其本来面貌。

　　在建筑中，复古是指复兴古典建筑的一种思想热潮和设计风格。建筑创作历史思潮中的复古主义主要指三个重要时期：1.14—16世纪的文艺复兴时期，此时的复古主义主要推崇复兴古希腊、古罗马时期的古典建筑之美。2.18、19世纪流行于欧洲的古典复兴、浪漫主义和折中主义，这段时期是复古主义思潮的重要时期。3.当代的复古之风，20世纪60年代，西方在后现代主义思潮中逐渐形成一个由早期古典复兴、浪漫主义和折中主义发展而来的独立的复古流派；我国改革开放后一段时间出现的复古之风，表现为城市建设中多以大屋顶简单叠加于建筑顶部。

　　复古主义建筑与仿古建筑不同，它的目的是要改变城市面貌，而不单单是模仿古代建筑。

议会大厦
（Houses of Parliament，1847—1858年）
伦敦 英国
[英]查尔斯·巴里（Sir Charles Barry，1795—1860年）
又称威斯敏斯特宫，是英国浪漫主义建筑的典型代表作品，也是当时整个浪漫主义建筑兴盛时期的标志。
图片来源：鲁石主.你应该读懂的100处世界建筑[M].西安：陕西师范大学出版社，2007:253

伊曼纽尔二世纪念堂
（Monument of Emanuele Ⅱ，1885—1911年）
罗马 意大利
[意]朱塞佩·萨科尼（Giuseppe Sacconi，1854—1905年）
伊曼纽尔二世纪念堂是复古主义之中折中主义的代表作品，结合了罗马的科林斯柱廊和希腊古典晚期的祭坛形制。
图片来源：朱立文.门斯荣光重现罗马[N].新民晚报，2019-12-19

仿古
Archaism

　　通常指模拟效仿古代的器物及古人的各种作品，如今主要指建筑中常用的一种设计手法，通过模仿古代建筑或建筑群所得的建筑通常称为仿古建筑。

　　当代仿古建筑在吸收传承基础上发展创新，一般分为三种：1. 古建筑修复性仿古，指经过严格考证后在某范围内运用传统的建筑材料对特定的古建筑进行原真性修复，偏向于文物修复范畴。2. 形式再现式仿古，指利用现代或传统建筑材料，创造出外观、形式与传统建筑基本保持一致的建筑。这种建筑单体结构多以钢筋混凝土结构来代替木结构，建造材料、结构和技术上都呈现出明显的现代特点，因而它属于近现代的建筑作品。3. 传承式创新仿古，此类仿古建筑常基于取传统古典建筑元素与现代设计手法融合进行一定的创新变化，将现代结构与传统材料相结合，在向经典学习并传承的同时寻求新的突破。在实践创作过程中，单纯通过形式上再现的仿古方式容易带来诸多问题和不良现象，如脱离城市历史文脉的山寨建筑、纯粹照搬的拿来主义等。

　　因此，建筑的仿古必须建立在尊重历史文脉、结合现代需要的前提之上。

典型案例

黄鹤楼重建
（1978—1985 年）
湖北 中国
向欣然（1940 年— ）
蛇山上的黄鹤楼，外形以清代黄鹤楼为蓝本，运用现代材料和结构技术，使其主体更为挺拔稳固，既有古楼遗风，更兼时代新意。

陕西历史博物馆
（1991 年）
中国 西安
张锦秋（1936 年— ），中国工程院院士。
设计师借鉴唐代宫殿建筑的风格特征，整座建筑主次分明、散中有聚，简化后的古典元素依托于现代材料、结构，营造出古朴凝重的古典氛围，实现传统文化与现代科技的完美融合。
图片来源：冯庚武. 陕西历史博物馆 [M]. 2 版. 西安：陕西旅游出版社，2002：10

遗存
Ruins

考古学科术语，原意指遗留、留存，一般指从古代保存下来的遗物或遗迹。

建筑遗存一般属于遗迹，是指古代人类的各种活动遗留下来的痕迹，包括遗址、墓葬、岩画等，还包括当时的一些山地矿穴、采石场、仓库水坝、水渠水井、窑址等经济性遗存，以及壕沟、围墙、长城、界壕及屯戍等防卫性设施遗存。遗存与遗产最大的区别在于遗存的物质性，遗存中的遗物和遗迹都是物质的，遗产则还包含了非物质的部分，即非物质文化遗产，例如昆曲、黄梅戏等。

建筑遗址可细分为城堡遗址、宫殿遗址、村庄遗址、作坊遗址和寺庙遗址等，一般按照其历史、文化、科学和艺术价值、完好程度等划分为全国重点文物保护单位，省级文物保护单位和市、县级文物保护单位。遗存中有部分古村落和一些历史上外来建筑遗存及近现代工业遗存，都具有极大的历史、文化、艺术、经济、科学和社会价值，对于它们价值的鉴别、选择、评估和保护的过程被称为遗存的遗产化。

典型案例

加尔桥
（Garr Bridge，公元前 19～公元前 20 年）
尼姆 法国（Nimes，France）
加尔桥是古罗马高架引水渠的典型代表。古罗马引水渠十分广泛，它们不仅是古罗马建筑师和水利工程师创造的技术、艺术上的宏伟杰作，更是古罗马帝国辉煌历史的见证。
图片来源：屹立千年的加尔桥（下）[J]. 少年科学，2018（12）：29

二里头遗址
洛阳 中国
全国重点文物保护单位，其年代约为距今3800~3500 年前，相当于夏、商王朝时期。遗址内发现有宫城、居民区、作坊、窑穴和墓葬等遗迹，并出土大量陶器、玉器、铜器等遗物，对研究华夏文明的渊源、城市起源和古代制度建设等重大问题具有重要的参考价值，是非常重要的古文化遗址。
图片来源：侯幼彬、李婉.中国古代建筑历史图说 [M].中国建筑工业出版社，2002：10

五七车站
济南 中国
建于 20 世纪 50 年代，济南市首批历史保护建筑。其建筑布局、构造方式、材料使用均体现当时的物质生产生活方式、思想观念和社会关系。
图片来源：苏海洋.毛泽东与济南五七车站[J]. 中国地名，2019（6）：64

　　通常指法学术语，指被继承人死亡时遗留的所有个人财富或可合法继承的其他财产。社会学意义上的遗产，指人类历史发展过程中积淀下来的精神财富和物质遗产。

　　对于全人类具有重大突出意义和普遍价值的历史古迹、文化传统和自然景观被称为世界遗产。世界遗产一般分为文化遗产、自然遗产、文化与自然遗产、文化景观遗产四类。文化遗产包括物质文化遗产和非物质文化遗产两类，建筑遗产一般属于物质文化遗产，主要为古迹、建筑群和历史场所，包括古建筑及历史纪念建筑、古墓、古寺、石窟寺和古遗址等。

　　建筑遗产是历史文化的产物，世界各地差异性、多样化的建筑遗产在历史、艺术或科学等多方面均具有不可取代的价值。建筑遗产按照建筑类别可以分为乡土遗产、工业遗产、历史建筑遗产等。历史建筑按保护等级分为文保建筑、控制性保护建筑和一般历史建筑。一般来说，历史建筑是指能够反映文化传统、历史风貌和地域特色，具有一定保护价值，但未列为文物保护单位或未登记为不可移动文物的建筑物和构筑物。

典型案例

马丘比丘遗址
（ Machu Picchu，约 1440 年 ）

库斯科 秘鲁（Cuzco，Peru）
坐落在安第斯山脉最奇险的老年峰与青年峰之间陡峭狭窄的山脊上，海拔 2400m，是约 1500 年的印加帝国遗迹，也是世界新七大奇迹之一。
图片来源：钟昀泰.寻找印加文明的足迹（下）[J]. 城市建筑，2005（10）：97，98

宏村、西递

安徽 中国
宏村、西递为世界文化遗产，也是国家 5A级旅游景区，位于安徽省黄山市黟县，是安徽南部民居中最具有代表性的古村落。

798 艺术区
（ 798 Art District ）

北京 中国
798 艺术区充分体现出工业遗产所承载的工业时代鲜明的历史文化精神和地域特征。独特的文化艺术体验模式下，鲜明融合了生态文化元素的工业遗迹获得了第二次生命。798 的重生是中国工业遗产保护、利用与再开发的典范。

共享空间
Sharing space

指人们交流的场所，这种场所包括城市广场、公园以及一些公众共用的建筑空间。

建筑学中的共享空间最早可追溯于罗马万神庙的中庭，20 世纪 60 年代，美国建筑师约翰·波特曼在旅馆设计中首次引入共享空间。自此，这一特殊的空间形式在现代公共建筑中被广泛应用。一般来讲，共享空间是一种以大型的建筑内部空间为核心，贯穿多层或全部通高的多功能综合性室内空间，着意创造一种开放的、共享的空间环境。

发展至今，共享空间早已不局限于建筑中庭这种单一空间模式，而是作为一种开敞空间普遍应用于商业、文化建筑中。功能也从早期的交通与交往拓展到展览、集会等多个方面。从空间形态上看，共享空间所实现的不仅仅是建筑内部几层空间的共享，从更深层次来说是其中各种人进行着的活动的共享。可见，它不仅是一种建筑空间形式，同时还承载着一定的精神内涵。

典型案例

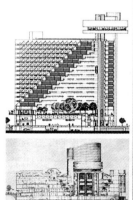

旧金山凯悦酒店
（Hyatt Regency San Francisco，1972 年）
旧金山 美国
[美]约翰·波特曼（John Portman，1924—2017 年）
不规则的庭院平面结合竖向的退台设计，构成一个 17 层的大型中庭空间，光线从顶部采光带渗入，站在中庭不同层的不同位置可以感受到不一样的光影变幻，产生戏剧性的空间效果。
图片来源：李耀培.波特曼的"共享空间"[J].建筑学报，1980(6)：62，63

桃树广场酒店
（Plaza Hotel，1975 年）
亚特兰大 美国（Atlanta，USA）
[美]约翰·波特曼
这个共享空间既是旅客驻留的场所，又是社会活动的中心。可以说，创造出城市舞台般充满活力的空间是波特曼共享空间的思想内涵。
图片来源：竹园.亚特兰大桃树广场旅馆，美国 [J].世界建筑，1985(4)：33，35

流动空间
Flowing space

　　指不将空间视作一种消极静止的存在，而是把它看作一种动态的生动力量。在空间设计中，注重追求空间的连续性和运动性，尽量避免静止孤立的体量组合。一般意义上的流动空间在水平和垂直方向都采用象征性的分隔，而保持整体上最大限度的交融和连续，实现视线上的通透、交通上的无阻隔或极小阻隔。为创造出这样的空间效果，设计师往往借助连贯流畅的、极富动态的、方向引导性强的线型来增强流动感。

　　19世纪80年代，弗兰克·劳埃德·赖特比较早地将流动空间运用于建筑学中，并形成了他的流动空间理论，即在空间上运用超过一般规律的连接和叠加，造成空间上的连接、交错和穿插。

　　密斯·凡·德·罗在建筑的处理手法上也主张流动空间的概念：一种完全开敞的自由平面把室内空间无限延展到室外自然，形成与传统的封闭空间或完全开敞空间不同的空间形式——连续贯通的、积极流动的、隔而不离的空间。

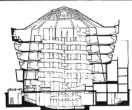

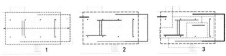

典型案例

古根海姆美术馆
（Guggenheim Museum，1959年）

纽约 美国
[美]弗兰克·劳埃德·赖特
参观者沿着环绕中庭的坡道盘旋而下，陈列品也沿着坡道墙壁悬挂，边走边观赏，这样的流动空间使得展览空间更加有趣、轻松。
图片来源：罗小未.外国近现代建筑史[M].北京：中国建筑工业出版社，2004：90，91

巴塞罗那德国馆
（Barcelona Pavilion，1929年）

巴塞罗那 西班牙
[德]密斯·凡·德·罗
建筑隔墙位置灵活，室内外空间相互穿插，没有截然的分割，形成奇妙的流动空间。
1.主厅"巴西利卡"式构成；2.三处墙体对称性解体；3.自由动线。
上图来源：高长军，李翔宁.重建或再造：从德国馆到巴塞罗那馆[J].建筑遗产，2017（4）：39
下图来源：赵斌，张立，仝晖.密斯：清晰的结构：再读巴塞罗那德国馆的逻辑与秩序[J].新建筑，2018（1）：61，62

能指
Signifier

能指与所指是一对语言学概念，首次出现于瑞士语言学家索绪尔的《普通语言学教程》。索绪尔认为语言是一种表达观念的符号系统，分为音响形象和"概念"。能指即为前者，指语言中的声音形象、语音形式，或者说是语言符号的表象，例如某个词的音素或音响结合就是一种能指。

建筑领域中，能指概念可以指建筑的形式和空间，即建筑的表面形式、构造方式、肌理、色彩、装饰、体量，等等。这些表现特征都属于建筑的形象或者表象。人们在观看、游览或者居住在建筑内外时，通过身体感觉器官能直接体验到这些建筑特征或建筑表象，这些形象或表象就是建筑的能指。

建筑的能指是建筑师在创作中最直接的设计内容，是建筑形象的物质表征。建筑师的基本任务就是运用恰当的建筑语言，创造出兼具艺术价值和实用价值的建筑能指内容。

概念术语

索绪尔语言符号二元论图式

语言符号是能指和所指的结合统一体，建筑的所指是由能指所涉及的概念形成的，即可以认为建筑的内容是通过由建筑形式所营造的形象来表达。建筑的能指与建筑的所指间的关系可以被认为是建筑形式和建筑内容的关系。根据索绪尔的理论，能指与所指的联系具有任意性，能指和所指是符号的一体两面，不可分割。而现代建筑主张"形式追随功能"，明确指出两者间存在着不可分割的联系，即建筑的能指追随所指。

图示来源：索绪尔.普通语言学教程[M].高名凯，译.北京：商务印书馆，2017：160

现代符号说三元论图式

所指和能指分别代表概念与音响形象，如我们谈论"猫"时，能指是指猫的发音"māo"。所指是指猫的音响形象所联想的"猫的概念"，人们以猫的能指与所指构成的符号整体与作为事实事物的猫产生联系。

图示来源：根据奥格登和理查兹的"符号学三角形理论"绘制

与能指一同构成语言符号系统，也是由索绪尔在《普通语言学教程》一书中提出。能指所指代的"概念"即为所指。但这种概念并不是抽象的，也不单指某一具体事物，而是一种约定俗成的意识事实。能指和所指理论在文学创作以及各设计领域都有广泛的应用。

建筑学中的所指概念可视为建筑的内容，也就是造型、肌理、色彩、装饰、体量这些表面形象特征背后的内容，包括其美学意图、设计构思、空间观念、功能需求、隐含的真实生活状态和商业目的等。这些内容作为客观事实的不同方面，受到地形地貌、气候特征、社会行为规约、社会经济状况、文化习俗、审美偏好、民族个性等多种因素的制约和影响。正因如此，建筑才会具有地域性、民族性和时代性。

在设计创作中，建筑师通过研究建筑能指和所指的关系，将特定的设计理念注入建筑实体中，建筑作为信息传递的载体将其背后蕴含的理念与意志传达给使用者，而使用者根据自身需求和体验产生一定的认知与解读，并将形成的感受反馈给设计师，如此便达到了建筑师与使用者之间的信息交流，这也是现代建筑设计以人为本理念的重要内容。

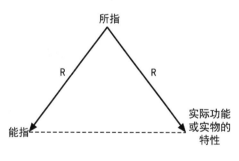

建筑符号三角中的能指与所指关系

应用于建筑学中，所指的对象就变成了建筑的实际功能或建筑的"有意向的含意"，即建筑的深层理念。

图示来源：勃罗德彭特.符号·象征与建筑 [M]. 乐民成，等，译.北京：中国建筑工业出版社，1991：71

概念术语

	第一层次	第二层次
能指（表达的信码）	形式 超分割性 空间 特性 表面 韵律 容量 色彩 其他 质地及其他	声音 味道 触觉 动觉 其他
所指（内容的信码）	图像志 有意的含义 美学的含义 建筑构思 空间概念 社会、宗教信仰 功能 活动 生活方式 商业目标 技术体系 其他	图像学 换了的含意 潜在的象征 人类学的资料实据 暗含的功能 近体学 土地价值 其他

艺术史学家 E·帕诺夫斯基（Erwin Panovsky，1892—1968年）在研究图像时，所提出的能指与所指的定义与区分

图表来源：勃罗德彭特.符号·象征与建筑 [M]. 乐民成，等，译.北京：中国建筑工业出版社，1991：61

场地
Site

　　一个物理概念，原意是指为某种需要而设立的空地，是包含确定或不确定空间的区域，或在区域中有名称的部分空间。

　　建筑学领域里所探讨的"场地"概念，可从微观和宏观两个尺度层级上来理解。微观上，场地又分狭义和广义两种，狭义的场地特指基地中建筑以外的内容，包括道路、公共活动场地、景观绿化等；广义上讲，场地则是包含整个系统的所有要素：建筑物基地、户外活动区域、交通系统和绿化景观系统等。而从宏观角度来看，场地还是城市乃至更大尺度区域构成的一部分，它的组成较为复杂，往往由历史上保留建筑物、道路交通、区域城市规划和自然环境等多重因素共同作用形成。因此，作为建设环境整体的基础，场地应包括自然环境和人为环境。

　　美国景观设计师、环境学家西蒙兹在《景观设计学——场地规划与设计手册》中将场地分为乡村、城市、平地、陡坡（无障碍坡道）和其他特殊类型的场地。他认为每个场地都有自己的性格，其性质由自然和文化共同决定，而场地也以不同的方式承载着这些不同的自然和人类活动。

典型案例

《总体设计》
（ Site Planning ）

[美] 凯文·林奇
黄富厢、朱琪等译，中国建筑工业出版社。
凯文·林奇是美国建筑理论家、城市规划专家，20世纪美国杰出的人本主义城市规划理论家。他在书中对建筑与场地关系进行了详尽的论述，文后的12个附录细致地阐述了建筑外界面与场地整合设计的相关资料，为不同场地设计总结归纳出较为全面的影响因素。

《景观设计学——场地规划与设计手册》
（ Landscape Architecture-A Manual of Enviromental Planning and Design ）

[美] 约翰.O.西蒙兹
（ John Ormsbee Simonds, 1913—2005年 ）
朱强、俞孔坚等译，中国建筑工业出版社，2014年。
本书将自然与社会的交互联结作为研究的主要线索，以主观而富有学术意味的理念将场地中的全部因素作为设计来源，并以图解的形式巧妙阐述建筑外界面与场地的互动关系。

伊瓜拉达墓园
（ Igualada Cemetery, 1996年 ）

加泰罗尼亚区 西班牙（ Catalonia, Spain ）
[西] 恩里克·米拉莱斯
（ Enric Miralles, 1955—2000年 ）
墓园随缓缓降低的地形将丧葬空间立体分成三层：地面层用于人对亡者进行追思和祷告；墓穴都安排在地下一层和地下二层，属于亡者空间。整个墓园巧妙依附地形，犹如一条巨大的伤痕，传达着死亡的主题。
图片来源：李雨旁.从人文意向到人文景观：解读米拉利斯作品二例 [J]. 建筑师，2003（4）：8

　　场所在辞海中指活动的处所，其原始定义是指空间中的特定位置。与"场地"不同的是，场所还具有可识别性，并可根据体验者对于特定场地的认知做出综合定义。

　　建筑学领域所讨论的"场所"概念由挪威建筑理论家诺伯格－舒尔茨首次提出。场所不是一个抽象的地方，而是由一定范围的具体事物共同形成的整体，事物的聚集无疑会在区域内形成确定的自然环境特征。场所是建筑在空间这一"形式"背后隐藏着的更深刻的内容，换言之，场所是由生命世界的具体现象组成的，它具有明确的空间特征。场所反映出的空间特性即为场所精神，它是场所理论的核心。简单来说，场所是人造环境与自然环境相结合，并在人的参与下具有一定意义的整体。舒尔茨希望通过提倡寻找场所独特感来塑造个性，从而消减现代主义千篇一律的弊病，这与人们的真挚心愿不谋而合，因而获得众多建筑师的支持。场所理论及其所提炼出的场所精神已作为建筑理论史上的一大丰碑，成为当今建筑设计过程中不可忽视的要素。

典型案例

《场所精神——迈向建筑的现象学》
（*Genius Loci-Towards A Phenomenology of Architecture*）

[挪] 诺伯格－舒尔茨
（C.Norberg-Schulz，1926 年—）
施植明译，华中科技大学出版社，2010 年。
舒尔茨是挪威著名建筑理论家，本书是他的著作《建筑中的意图》和《存在、空间与建筑》的续集。他认为建筑是赋予人一个"存在的立足点"的方式，因此主要目的在于探究建筑精神上的含意。该书强调环境对人的影响，并主张艺术作品的概念是生活情境的具现。

加利西亚现代艺术馆
（Galician Center of Contemporary Art，1988—1993 年）

圣地亚哥 西班牙（Santiago, Spain）

[葡] 阿尔瓦罗·西扎（Alvaro Siza，1933 年—），1992 年普利兹克建筑奖获得者。
西扎关注建筑与场所的基本要素，如地形、地貌、时间、空间、材料、氛围、活动、事件等问题，以建筑自身来诠释建筑，诠释场所，诠释建筑与场所的基本关系。该艺术中心由两部分组合而成。入口与整个建筑融为一体，一块开放的空间与一平台相互照应形成修道院的正立面部分。

左图来源：范路.场所的激流与现代主义的北极星：解读西扎的加利西亚当代艺术中心[J].装饰，2018（8）：40
右上图来源：杨洋如意，熊文蜜，廖琴.浅谈阿尔瓦罗·西扎的设计思想：以加利西亚现代艺术中心为例[J].建筑与文化，2020（6）：245
右下图来源：蔡凯臻.建筑的场所精神：西扎建筑的诠释[J].时代建筑，2002（4）：81

尺寸
Size

　　一个数学概念，指用特定度量单位表达物件的长度、大小，是物体绝对大小的精确数值。

　　任何设计都要涉及度量，尺寸是设计的一种基本元素。设计师通常把经验尺寸作为尺度设计的参照基础，对于典型空间设计，适当应用经验尺寸能够有效提高初步设计阶段的工作效率。我国古代就有规范化的营造尺寸，现代设计中也有尺寸相关的理论。譬如，芦原义信在《外部空间设计》中提到的十分之一理论，即外部环境空间的设计尺度一般可以采用内部空间尺寸的8～10倍。

　　环境心理学研究成果表明，人对自身活动空间范围有着明确的界定，反映在人对空间有着公共性、领域性和私密性的不同需求，这就需要设计以人的生理特性为标尺确定环境空间的具体尺寸。人体工程学研究人的知觉特征如最佳视距，人的活动特征如距离与交流的关系以及通过测量人体在静态和动态两种状态下的尺寸，为空间设计提供基本参数，并将其作为环境尺度的最佳美学依据。此外，美国人类学家爱德华·霍尔（Edward Twitchell Hall，1914—2009年）根据人与人之间的四种心理距离，提出了个人空间研究理论——气泡理论。

典型案例

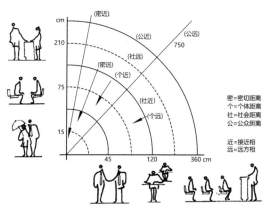

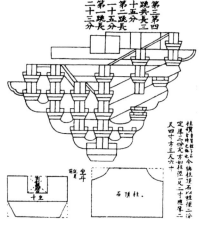

气泡理论（Bubble Theory）图示

人际距离空间的分类：
密切距离（0～45cm）、人体距离（45～120cm）、社会距离（1.2～3.7m）、公众距离（3.7～7.6m）。
图片来源：李永昌，周康.室内设计 [M].成都：西南交通大学出版社，2015：62

《营造法式》中的斗栱尺寸

图片来源：李诫.营造法式手绘彩图版 [M].重庆：重庆出版社，2018：87，90，117

顾名思义，以尺为度，出于柏拉图的《泰阿泰德》："人是万物的尺度。"意思是事物的存在是相对于人而言的。《辞源》中对于尺度的解释有两种：一是计量长度的定制；二是标准。这两个释意都具有以某一种标准来度量的意思。

建筑学中的尺度，一为物理尺度，指以人的身高等人体尺度衡量建筑物尺寸大小，体现人体与建筑的比例关系；二是人性尺度，即空间符合人性需求的所有特性，它营造出与周围环境适宜的空间关系与视觉感受。这里的尺度和色彩、材料、光影等一样，是一种对行为主体人产生心理影响的传感手段。

尺度与尺寸不同之处在于尺寸是关于量的精确描述，是一个实际数值，而尺度则是以人体尺寸为基础去衡量判定其他事物。也就是说，尺寸是测量产生的直接数据，而尺度是比较的产物。尺寸是尺度表达的基础，尺度的表达是靠尺寸的变化来实现的。若要使设计达到完美的效果，必然要把单元尺寸引入总体尺度中，并且通过单元尺寸在整体尺度中的比例来调整设计结果。

典型案例

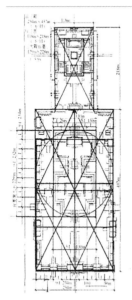

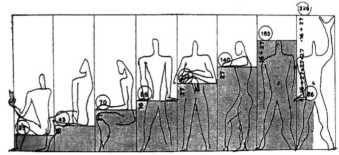

柯布西耶试图根据人体比例，建立一套模数制，使人能与建筑空间之间建立起一套和谐的比例关系。

图片来源：柯布西耶.模度 [M].张春彦，邵雪梅，译.北京：中国建筑工业出版社，2011：40

紫禁城前三殿宫院与后三宫宫院的尺度分析

图片来源：侯幼彬，李婉.中国古代建筑历史图说 [M].中国建筑工业出版社，2002：131

表皮
Skin

生物学词汇，原意为人和动物皮肤的外层或植物初生组织表面的细胞层，多用于描述有机生物体最外层组成部分。

建筑表皮是指建筑与外部空间、环境直接交流接触的界面，进一步而言，就是建筑内部空间与外部环境交界处的围合构件及其组合方式的统称，一般包括除屋顶之外的所有外部围护部分。作为建筑空间的围护，表皮不是抽象的平面，它一般是由多种材料复合而成，通过一定的结构方式组成整体且又清晰的结构关系。

柯布西耶提出了现代建筑的三个基本要素：体量、表皮和平面。尽管柯布西耶给予表皮一定的重视，但认为表皮最多只服务于体量。之后，罗伯特·文丘里在《建筑的复杂性与矛盾性》中将建筑问题分解为两类：空间问题和表皮问题，指出当空间创造有限时，表皮的创造依然具有无限的可能性。此后，表皮在后现代主义设计中的意义被提升到了最高高度，成为与空间同样重要的设计元素。可以说，表皮与空间是一对相互依存的概念，表皮包裹着空间，且在很大程度上影响着人对空间的体验感受。因此，从形态学的角度来看，表皮也是研究空间的一种手段和途径。

典型案例

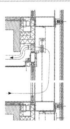
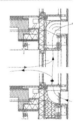

典型内循环式（机械通风型）、外循环式（自然通风型）通风换气示意图

现代建筑中常用的双层通风幕墙（又常被称为呼吸式幕墙、动态通风幕墙、热通道幕墙等），可有效提高围护系统的热工性能，改善室内通风，提高隔声性能，控制室内采光，达到一定的节能效果。
图片来源：赵西安.双层通风幕墙的构造及工程应用[J].建筑技术，2002（9）：654

水立方——中国国家游泳中心
（National Aquatics Center，2003—2007年）
北京 中国
中建国际、PTW建筑事务所
独特的网状膜结构将建筑空间设计、表皮设计与结构设计巧妙地结合为一体。建筑主体包裹上一层气泡状的半透明建筑表皮，其透明膜结构气枕既赋予建筑冰晶状的独特外形，也为室内争取了最大限度的自然采光。
图片来源：国家游泳中心（水立方），北京，中国[J].世界建筑，2017（5）：106

乌得勒支大学图书馆
（Utrecht University Library，2004年）
乌得勒支 荷兰
[荷]维尔·阿雷兹（Wiel Arets，1955年—）
这座建筑的表皮由两种材料构成，与内部空间相对应。黑色印有花纹的混凝土和采用了丝网印花的双层玻璃，分别对应了内部的藏书室和阅览室。材料完美地表达出表皮的质地，表皮又自然延伸进室内，成为空间的一部分。整个建筑的空间、结构、材料彼此协调，高度统一。
图片来源：阿雷兹，徐知远.乌德勒支大学图书馆，乌德勒支，荷兰[J].世界建筑，2005（7）：44，47

肌理
Texture

由纺织学引申而来，"肌"是物质的表皮，"理"则是物质表皮的纹理。肌理是物体的表面特征，是材料表皮的组织纹理结构所带来的质感，通常指由材料表皮的构造、排列差异所造成的粗糙、光滑、软硬凹凸等各种纵横交错的纹理变化。它一般通过人的视觉或触觉被感知，既可以体现物质的形态属性，反映不同物质材料表面的差异，也可以加强物体形象感染力。

城市肌理是人类社会文化生活经历了各个历史时期的叠加和改造后，在空间上的物化，它的形成是一个建立在原有城市空间形态基础上漫长的历时性过程。不同肌理变化能够表现不同空间形态的质地，形成不同的视觉形态，体现出城市各种不同要素在空间上的多样化结合方式，从而呈现出饱含自身特色的城市空间特征。

肌理是城市与建筑形态研究的重要内容。凯文·林奇认为城市肌理的二维空间形态应该是细密而模糊的。细密的纹理更易形成适合人的居住尺度和行为空间。阿尔多·罗西则更加关注城市在历史发展过程中人的集体记忆，他认为城市肌理是历史积累的结果，也与城市结构、城市功能，以及城市形态密切相关。

典型案例

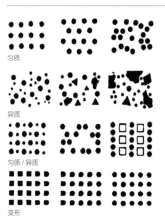

匀质

异质

匀质／异质

变形

左：常见的肌理形式
右：美国华盛顿中心区城市肌理

[法]皮埃尔·夏尔·朗方（Pierre Charles L'Enfant）受法国凡尔赛宫的影响，华盛顿的整体肌理骨骼由具有典型拉丁十字结构特征的轴线和放射形道路构成，具有浓厚的巴洛克色彩。图片来源：库德斯.城市结构与城市造型设计[M].2版.秦洛峰，蔡永洁，魏薇，译.北京：中国建筑工业出版社，2007：19，53

结构
Structure

本意指事物系统的各个要素所固有的组织方式，是事物存在的基本形式。结构主义是由瑞士语言学家费尔迪南·德·索绪尔在其语言学著作《普通语言学教程》中提出的。它是一种关于结构关系的方法论，强调对象的整体性，即针对事物系统结构的研究而不是具体内容和单纯的因果关系；强调共时性，弱化历时性。

"二战"后，针对现代建筑显露的问题，国际现代建筑师协会开展功能主义运动，形成了建筑上的结构主义理论。建筑上的结构主义重视建筑与人（包括社会、文化等）之间的关系，把建筑当成象征系统来表达人类环境的空间关系与特征。认为建筑不单纯只是容纳人类行为活动物质空间的功能性领域，而是包含了诸多文化象征意义的内容，强调建筑与文化环境的关系。

结构主义理论所强调的系统性、整体规律性对建筑学的发展产生了重大影响。结构主义思想使建筑师突破了功能主义的束缚和局限，拓宽了设计视角，提倡更多地从社会、文化、精神等多个角度去思考人与建筑空间的关系，对现代建筑的发展有明确深远的现实意义。

典型案例

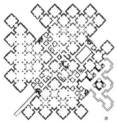

赫兹伯格的结构主义主要探讨了个体与群体之间的关系：建筑用完全相同的立方体单元拼接而成，打破了以往大型办公楼的设计理念；在建筑内部，强调空间集群与私密的平衡关系，空间形式多样，单元空间在整个大楼空间组织中，展现了极有意义的个性特征。

图片来源：张扬.解读结构主义建筑空间的社会性：以赫曼·赫兹伯格的比希尔中心办公大楼为例[J].安徽建筑，2020（1）：38

比希尔中心办公大楼
（Central Beheer Office Building，1974 年）

阿培顿 荷兰（Apeldoom，Netherlands）

[荷]赫曼·赫兹伯格（Herman Hertzberger，1932 年一）

这座建筑可以说是结构主义建筑的典型代表。建筑师拒绝功能主义式的层级秩序（中心轴线主导的静态构成），而采取多中心、偏移的建筑布局。其多中心、多功能并置的动态匀质性使建筑具有"城市"一般的结构自治性和灵活性。

图片来源：罗小未.外国近现代建筑史[M].北京：中国建筑工业出版社，2004：249

阿姆斯特丹孤儿院
（Amsterdam Orphanage，1960 年）

阿姆斯特丹 荷兰（Amsterdam，Netherlands）

[美]阿尔多·凡·艾克（Aldo Van Eyck，1918—1999 年）

　　发端于德国哲学家马丁·海德格尔（Martin Heidegger，1889—1976年）的著作《存在与时间》中，指分解、消解、揭示等意思。而后由法国哲学家雅克·德里达（Jacques Derrida，1930—2004年）在此基础上补充了"消除""反积淀""问题化"等含义。20世纪60年代，德里达在对结构主义批判的基础上，提出"解构主义"的理论。解构主义以"破"而立，是对结构主义的破坏、分解和再发展。

　　在建筑上，解构主义是基于对现代主义运动和后现代主义建筑的批判和反动，是于20世纪80年代晚期兴起的一种重要的设计思潮。解构主义建筑批判和否定现代主义建筑的原则和标准，注重重建形式化的语言艺术和美学特征。采用夸张大胆的建筑设计手法，如：倾斜、扭曲、穿插、错位等，打破以往均衡、稳定的建筑造型，创造出复杂、动感甚至扭曲的建筑形态，给人以极强的视觉冲击力。

　　解构主义的代表人物有弗兰克·盖里、伯纳德·屈米、扎哈·哈迪德等。

典型案例

古根海姆艺术博物馆
（Guggenheim Museum，1997年）
毕尔巴鄂 西班牙（Bilbao，Spain）
[美]弗兰克·盖里
（Frank Owen Gehry，1929年一），1989年普利兹克建筑奖获得者。
古根海姆艺术博物馆是盖里解构主义设计哲学和强烈的个人设计风格完美结合的典范，通过扭曲、变形、各种材料混合拼贴等设计手法，实现了建筑师自我意志与风格的有效表达。
图片来源：杨洲.超现代的现代主义建筑：毕尔巴鄂古根海姆美术馆[J].中外建筑，2008（12）：65，66

拉维莱特公园
（Parc de la Villette，1983年）
巴黎 法国
[瑞士]伯纳德·屈米
（Bernard Tschumi，1944年一）
屈米从法国古典园林中汲取设计灵感，提取并演化成点、线、面三个体系：呈方格网状布局、造型各异的红色钢构"游乐亭"；长廊、林荫道；10个主题花园、形状不规则的草坪。三个体系叠加形成拉维莱特公园的布局结构。
图片来源：上图：朱建宁.拉·维莱特公园：城市公园的未来[J].广西城镇建设，2013（1）：24.下图：丁一巨.巴黎拉·维莱特公园[J].园林，2004（2）：22

维特拉消防站
（Vitra Fire Station，1993年）
维特拉园区 德国（Vitra Campus，Germany）
[英]扎哈·哈迪德
扎哈运用拼贴与破碎、层叠与转换的手法，塑造空间的多样性与透明性。倾斜的几何线条、不稳定的变化和结构的分解态势贯穿整个空间，使建筑凝固却富有动感。她在方案表现图中所用多维度透视图相互交叠、渗透的表现方式，也成为解构主义表达的范例。
图片来源：HADID Z，SCHUMACHER P，KOUMJIAN S，GONZALEZ E，WHA HO K.维特拉消防站[J].建筑创作，2016（6）：105，116

风格
Style

风格一词源于希腊文"στ",意指一种抽象的并具有代表性的面貌。它是创作主客体生活经历、思想观念、审美理想等内在特征的本质反映,相较于一般的艺术特色与创作个性而言更为稳定与深刻。

建筑是文化的反映与表达。建筑风格是指建筑在其形式与内涵,如建筑平面布局、立体空间构成、艺术表现手法等方面反映出的特征,其表现形式具有独特性与完整性。建筑风格可以是创作主体设计师的个人风格,也可以指创作客体建筑的表现风格。它受到其所处时代的政治、社会、经济、文化、宗教及科学技术等多方面影响或制约,也因设计者的设计思想与观点的不同而不同。

建筑风格也能从一定程度上客观反映出一个时代或民族的本质特性,如 20 世纪初表现主义建筑风格、苏联构成派,以及现代多元化的表现风格等。

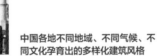

典型案例

不同时代、不同民族、不同文明的典型建筑风格

左上:帕提农神庙——古希腊时期典型建筑。
左中:泰姬陵——古印度穆斯林建筑的永恒之作。
左下:太和殿——明清时期宫殿建筑,中国现存最大的木结构大殿。
图片来源:
郭莉梅.建筑装饰史 [M].北京:中国轻工业出版社,2016:23、90
侯贺良.泰姬陵的霞光 [J].走向世界,2012(1):77

中国各地不同地域、不同气候、不同文化孕育出的多样化建筑风格

图片来源:
右上:魏郁珉.中国最美的 100 个古镇 [M].北京:北京工业大学出版社,2015
右中:陈健.八闽侨乡福建·2 [M].北京:中国旅游出版社,2015:4
右下:肖东发.大宅览胜:宏大气派的大户宅第 [M].北京:现代出版社,2015:87

　　流派在艺术范畴指具有独特风格的派别，即由具有相同或者相近的思想观念、审美品位、艺术趣味、风格主张的一些艺术家，自觉或不自觉结成的艺术群体，及其所展现出来的一种艺术风貌。

　　流派相对于风格而言有着更为明确的含义及内在规定性，有较为稳定的创造手法以及相当数量风格一致的作品。可以说，风格是个人的，而流派是群体的。与风格一样，流派也是在一定的社会背景下产生，并直接或间接地受到环境制约。因此，从某种程度上来看，任何流派的作品都是社会整体文化体系中的一部分，它的形成与发展也必然会受到其所处时代的科学技术水平及文化思想的影响。

　　建筑流派是指在特定历史时期，具有共同思想审美倾向的艺术风格，或具有共同理念的创作者集合而成的派系或组织，例如：主张形式追随功能的现代主义建筑流派，以及现代主义之后的高技派、解构主义建筑流派和现代生态建筑流派等。

典型案例

伦敦市政厅
（City Hall，1995—1998 年）

[英]诺曼·福斯特
高技派主张现代艺术理论的表现方式不应只局限于功能与形式之间的关系处理，建筑结构、施工设备、构造纹理，甚至是动态流程都可以发展成为其表现内容的独特手法。
图片来源：程露. 大伦敦政府市政厅大楼，伦敦，英国 [J]. 世界建筑，2002（06）：32，33

广州歌剧院
（Guangzhou Opera House，2006—2008 年）

[英]扎哈·哈迪德
解构主义流派倾向于运用倾斜、扭曲、穿插、错位等，打破以往均衡、稳定的建筑造型，创造出复杂的、动感的，甚至扭曲的建筑形态，给人以极强的视觉冲击力。
图片来源：徐知兰. 广州歌剧院，广州，中国 [J]. 世界建筑，2007（11）：36，38

迪拜太阳能垂直村
（Dubai Vertical Village）

阿联酋 迪拜（Dubai，UAE）
[德]格拉夫特建筑设计事务所（Graft Lab）
随着绿色可持续理念的发展，当代建筑师逐渐意识到人类本身是自然系统的一部分，形成了生态建筑流派。他们多运用先进生态科技结合创新设计理念，致力于创造人、建筑和自然三者之间的和谐关系。
图片来源：唐艺资讯集团. 建筑创新手册 [M]. 天津：天津大学出版社，2011：260，261

表层结构
Surface structure

　　词源来自语言学，是由美国语言学家乔姆斯基（N.Chomsky，1928年—）于20世纪后半叶在《句法结构》（*Syntactic Structures*）一书中提出。表层结构指语言中句子的外部形式，包括语音表现和语法规则，它们是可直接感知的对象的外部关系；是深层结构经过移位转换变形后，所形成的表层句法结构。

　　在建筑学中，彼得·埃森曼曾提出大部分建筑的表层结构就是建筑本身所呈现出的外部形式。换言之，建筑的表层结构即为具有被感知能力的物质表现，因而又被称为建筑的表现力。具备不同建筑表层结构的建筑也具有不同的建筑表现力。以埃森曼为代表，他在卡纸板住宅系列设计中，抛弃了平、立、剖面上的传统设计方式，而将梁、柱、墙等建筑要素看作建筑形式体系中的点、线、面、体等基本要素，再通过各种抽象句法的演绎与运算（深层结构）产生出各种建筑形式结果（表层结构）。他所强调的是建筑表层结构的生成过程，展示自身的逻辑结构。

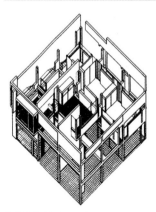

弗克住宅（住宅二号）
（Falk House—House II，1969年）
哈德威克 美国（Hardwick，USA）
[美]彼得·埃森曼

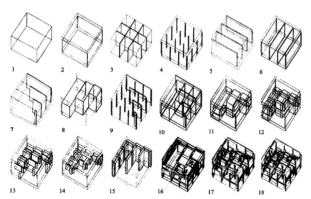

住宅二号是利用转换生成法则的典型代表。图2～图6示意了界定这个空间的几种深层结构，然后埃森曼利用转换规则对深层结构进行变形并引入对角线方向的错动关系；
图8用阶梯状的长方体表示实体即使用空间，剩下的是虚空即室外部分；后面的图逐步显示这两个部分被上述几种深层结构梁柱、墙体更细致分割逐渐形成建筑的过程
图片来源：EISENMAN. Diagram diaries[M]. Universe Press, Thames & Hudson，1999：98，99

深层结构
Deep structure

　　与表层结构相对，深层结构指语言中句子的内部形式，构成句子结构基础的抽象语法关系，即语句内词组或句子成分之间潜在的抽象结构。它决定了语言中句子所表达的意义。在语言学中，表层结构是句子的最终表现形式，深层结构则是"一些基本成分生成的结构"，它们共同构成"转换生成法则"的双重结构理论。该理论认为深层结构转换为表层结构的过程即为语言的生成。

　　英国建筑评论家G.勃罗德彭特据此提出建筑的4种深层结构：1.人类活动的容器，具备尺度、形状满足人类活动的内部空间；2.文化的象征，某种历史记忆或集体无意识沉淀的载体；3.特定气候的调节器，即建筑的墙体、屋顶等围护结构在内部空间和外部环境之间起保护和调节作用；4.资源的消费者，建筑的生成实质上就是对资源的使用、积累的过程。根据他的观点，建筑的深层结构可进一步理解为建筑物质性、建筑空间和建筑语境三个要素。

a 印度著名佛教建筑：桑吉大塔

b 神庙建筑中心性意向图

c 印度拉贾斯坦邦村落建筑中的漫游路径

d 印度国家公益博物馆中的漫游路径

建筑原型	提取类型	深层结构中的考虑因素	类型的变形	与现实环境的契合
窣堵坡神庙建筑（图a）	多向可见性与中心向心性（图b）	精神需求（印度人民的一种集体无意识）与历史文化	圆形曼陀罗建筑平面	将各功能块四色排布中间以露天空间隔开
19世纪的印度政府神庙建筑	沿着连廊布置的交通宗教绕行仪式	精神需求（宗教）风俗礼仪（建筑中人的行为模式）（图C）	建筑内部的"漫游路径"（通过空间序列的排布强调东方人心理体验的"行进之变"）（图d）	交通空间沿着中央庭院边缘布置，使人步行其中能够呼吸到新鲜空气与领略庭院美景
印度传统村落	穿越室内外空间的生活方式	生活习惯气候条件	外部空间内部化	露天空间的运用与开放性的内部通道
莫得拉太阳神庙宇阿达拉吉的阶台式水井	贡德与台阶	风俗礼仪气候条件	作为冥想之所的贡德	风俗礼仪气候条件与露天空间结合而成净化心灵，探讨问题之地
印度中北部地区民居	半遮盖（一般形式为深挑檐）的灰空间	气候条件	气候缓冲空间与遮阳棚架	运用围廊使用空间与外界环境隔离调节小环境
	一阶类型		二阶类型	

印度建筑师查尔斯·柯里亚（Charles Correa, 1930—2015年）基于建筑深层结构的设计过程分析

图表来源：郭牧，王竹. 触及建筑的深层结构：基于印度建筑师柯里亚建筑作品的类型学分析 [J]. 华中建筑，2005（06）：41, 42

典型案例

共时性
Synchronicity

共时性和历时性是瑞士语言学家索绪尔提出的一对语言学术语，后以动态发生学原理为基础，用作系统结构研究。共时性是指不考虑时间因素，使事物能够超出历史更迭、时代变迁和文化背景的限制，在一种共时形态中成为审美意识的观照对象。

在建筑学中，共时性和历时性是建筑类型学范畴的概念，两者辩证统一。前者侧重于系统中要素间相互关系，是一种规律；后者侧重于事物在时间上的运动发展，是一种事件。《现代建筑理论》指出，"历时性研究建筑形式特征的历史变化与发展，共时性研究城市及建筑组群的空间与形式组合"。相对于历时性，共时性是从静态、横向的维度考察事物结构及其形态，侧重于通过事物发展的系统，以及系统中要素间相互关系为基础来认识特定事物。

共时性原理在研究中常被用来横向对比同一历史时期不同风格、流派或地域的建筑作品在空间、形态、结构等多种要素之间的对比。此外，在设计创作中，建筑师也会运用共时性原理，将某一特定的历史文化与现代性设计结合起来，创造新旧文化的共时性叠合。

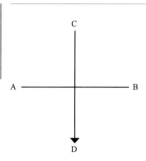

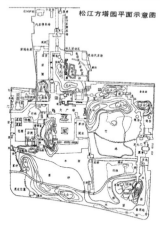

松江方塔园平面示意图

方塔园何陋轩

A-A 1:100

同时轴线（AB）：在排除一切时间的
干预的前提下，共同存在的事物间的
关系；
连续轴线（CD）：单一事物的一切变
化历程。
共时性和历时性研究方法是以时间为
轴，分别从纵向的连续时间系统和横
向的静态时间切片两个维度展开，即
分别针对时间和空间的研究方法。
图片来源：索绪尔.普通语言学教程
[M].高名凯，译.北京：商务印书馆，
1980：118

松江方塔园，1982 年

上海 中国
冯纪忠（1915—2009 年）
设计师力求在继承我国造园传统的同时考虑现代条件，以一种新的方式把东方文化的时空观和现代性结合起来，体现出传统元素与现代设计的共存。宋塔、明壁、清殿及古树共时性地叠加于园内，"与古为新"的设计思想把中国古典园林的"古"同现代建筑的"新"巧妙结合。
左图来源：金云峰，陈希萌.基于景观原型设计方法的现代园林空间设计分析：以方塔园为例[J].中国城市林业，2016（2）：34
右组图来源：翟明磊.与古为新：冯纪忠和他的方塔园[J].公共艺术，2014（5）：34，36

历时性
Diachronicity

　　历时性就是经过时间的发展，一个系统发展的历史性变化情况。与共时性完全相反，它是一种以动态、纵向的维度来考察事物的视角，侧重于研究事物的发展过程以及过程中的发展规律，关注事件的纵向叙述或系统的动态发展。相对于共时性的系统结构研究，历时性则以动态发生学原理为基础，被用作系统演变研究。换言之，共时性研究关注系统内部各构成要素之间的组织逻辑和结构关系；历时性研究则着重于一定时间过程中系统自身构成要素的更迭变迁，或系统作为一个整体与其外部体系的运作关系。

　　应用到建筑学领域，历时性原理作为建筑和城市自身的一部分，在设计与研究中不可忽视，这也是场所精神理论中的重要观点。因此，历时性原理在设计创作中常被用来发掘场所的地域特色和历史文化，以实现传统文脉的传承。

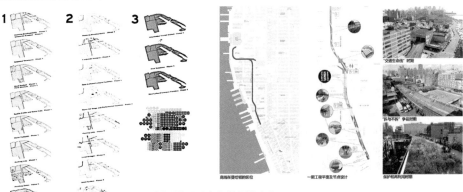

左：当斯维尔公园竞赛"树城"方案
（Tree City in Dowsview Park，1999—2000 年）

多伦多 加拿大

[荷] 雷姆·库哈斯

库哈斯为当斯维尔公园提出的阶段性建设策略，通过把公园看作一颗有生命的"种子"，分析其历时性的景观系统演变，从而展示方案的合理性与可持续性。

图片来源：Czemiak J. CASE：Downsview Park Toronto[M]. Massachusetts：Harvard Design School，2001：1

右：高线公园
（High Line Park，2008 年）

纽约 美国

[美] 詹姆斯·科纳场域操作事务所（James Corner Field Operations）

高线公园是纽约一个由废弃的高架铁路线改造而成的公园。设计师基于历时性保护的原则，以"新"包"旧"地将高线发展过程中经历的3次主要变更的历史特征自然地融合到公园景观设计中。

图片来源：杨春侠. 历时性保护中的更新：纽约高线公园再开发项目评析 [J]. 规划师，2011（2）：116

典型案例

海绵城市
Sponge city

也可称为"水弹性城市"，是新一代城市雨洪管理概念。《海绵城市建设技术指南》对海绵城市的建设标准提出如下要求：城市能够在适应环境变化和应对自然灾害等方面具有像海绵一样良好的弹性；下雨时吸水、蓄水、渗水、净水；需要时释放蓄存的水并加以利用，实现雨水在城市中的自由迁移。国际上将海绵城市的主要任务通称为低影响开发雨水系统构建。

海绵城市的基本特征可以概括为"渗、滞、蓄、净、用、排"六点，建设核心是"海绵体"，即从生态系统服务出发，以渗水、抗压、耐磨、防滑性能优良的材料，构建不同尺度的水生态基础设施。这些"海绵体"通过雨水收集、储蓄、净化、回收等步骤，来提高城市雨水的利用效率，降低城市内涝灾害压力，有效缓解城市热岛效应，从而实现城镇化建设、资源节约与环境保护三方面的平衡协调，最终实现城市的可持续发展。

随着绿色生态理念的兴起和新技术的快速发展，海绵城市逐渐成为推动绿色建筑建设、低碳城市发展和智慧城市构建的重要途径，是新时代背景下现代绿色技术与社会、环境、人文等多种因素的有机结合。

概念术语

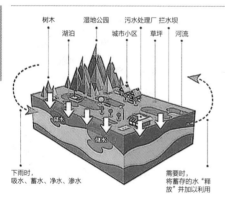

左： 海绵城市示意图

右： 海绵城市理念下德国沙恩豪斯社区雨水管控模式示意图

图片来源：车生泉，谢长坤，陈丹，于冰沁.海绵城市理论与技术发展沿革及构建途径 [J].中国园林，2015，（06）：15

低碳城市
Low-carbon city

　　低碳城市是由英国政府在 2003 年发表的能源白皮书《我们能源的未来：创造低碳经济》(*Our Energy Future:Creating A Low Carbon Economy*) 中首次提出的"低碳经济"概念发展而来。所谓低碳城市，是指通过政府的决策引导和宏观把控、市场的探索创新，鼓励并推动低碳技术在城市规划和建筑设计中的运用，从而建设低能耗、可持续发展的生态型城市。我国和日本相继提出了"低碳社会""低碳能源"等概念，这些概念都是气候语境变化的产物，概念的发展也体现了各国应对气候恶化的行动意愿正逐步增强。

　　引申来讲，低碳城市建设就是开发和使用可再生能源，如太阳能、风能、潮汐能等，大幅度降低社会对于化石能源的依赖，从而促进社会稳定、繁荣、健康发展。对可再生能源的开发与推广是当下建设低碳城市的关键。在建筑领域，设计师们也越来越重视绿色建筑理念，以减量化、再利用和再循环的"3R"原则为设计核心，为人们创造健康、适用、高效的使用空间，最大限度地实现人与自然和谐共生的高性能建筑。

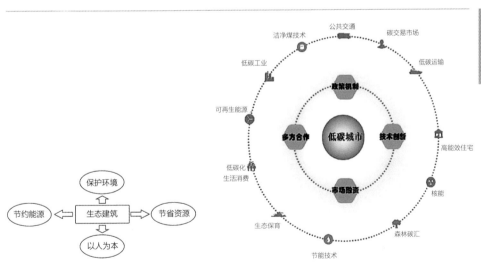

绿色生态建筑理念示意图

低碳城市发展模式示意图

图片来源：刘秀凤.碳交易到底给深圳带来了什么？[N].中国环境报，2016-12-1

拓扑
Topo

　　源自英文，指图形在弹性运动中保持不变的性质，是几何图形的一种特殊属性。拓扑学是近代数学发展衍生的一个分支，主要研究图形形状、性质、变形和它们之间的映射，以及把它们组合起来的构形，最早应用在地形、地貌等类似的研究中。

　　拓扑学关注形式的基本构成方式，研究物体在连续、闭合、缠绕、纽结过程中拓扑性质的不变性，强调的是图形变化的过程。引申到建筑学领域，拓扑学理论强调设计中连续变换的操作方法及建筑诸要素之间的关联性质。用拓扑学理论分析建筑形态的特征及其演化规律，打破了一直以来静止、确定的建筑形态，催生了流动的、黏质的和连续的建筑形式，为建筑设计开辟了新的发展方向。

　　日本建筑师妹岛和世和西泽立卫的作品中很好地运用了拓扑学原理，基本空间关系通过最简洁明了的方式来组织，展现了拓扑理论中的基本形式，设计的重点不再拘泥于几何本身而是转移到空间的组织与限定上。由此，在功能关系保持不变的情况下，建筑的形态更具灵活性，建筑方案也更加多样化。

典型案例

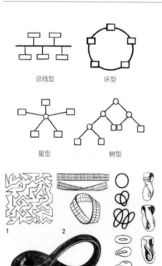

1. 没有内外之分的线条
2. 莫比乌斯环的制作
3. 克莱因瓶
4. 三种等价的拓扑变换

左上：拓扑关系模式

左中：拓扑关系数据模型

整个拓扑结构体系内有一定的逻辑性和方向性。在复杂的整体中，最基本的拓扑关系可以分为以下几种：
1. 邻接；2. 关联；3. 包含；4. 连通；5. 层次。

左下：拓扑变形示意图——从咖啡杯到面包圈

拓扑学把两个可以通过连续变形进行互相转换的集合视作"同一物品"，称为拓扑等价。

图片来源：李建军.拓扑与褶敏：当代前卫建筑的非欧几何实验[J].新建筑，2010（3）：88

右：金泽21世纪美术馆
（21st Century Musecm of Contemporary Art，2004年）

金泽 日本（Kanazawa, Japan）

[日]妹岛和世（Kazuyo Sejima, 1956年—）

[日]西泽立卫（Nishizawa Ryue, 1966年—）

该建筑的基本原则之一是"分割用房"（Separating the Rooms），空间分配不依赖于传统的层级方式，其过程是随意的，唯一的标准在于亲密度与距离感、集中或分散。

图片来源：尚晋.金泽21世纪美术馆，石川，日本[J].世界建筑，2017（12）：84，86

　　"分形"一词源于法国数学家曼德布罗特提出的"英国的海岸线有多长？"这一问题，包含"破碎""不规则"的意思，后来发展成为非线性科学中的分形几何学。分形理论强调见微知著，认为局部和整体存在相似性，可通过事物的局部（形态、结构）来认知整体事物。

　　分形理论在建筑上的应用主要分为两个方面：其一，在建筑设计上，分形方法的引入拓宽了建筑设计的思路与手法，衍生了全新的建筑形式，如分形理论中的自相似与尺度层级原理，以及各种分形迭代方法应用到建筑平面、立面和空间中可使建筑形式更具丰富性和韵律感；其二，分形理论强调从微观局部认识整体事物，通过对建筑局部空间的分析研究，反映整体建筑空间结构及形态模式，有别于传统设计方法。

　　分形理论在建筑设计中的运用，使得建筑在外在形式和内在含义上都得到了深层次的拓展，也为建筑师的创作提供一条新的设计思路。

典型案例

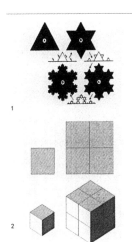

1. 线的分形迭代——科克（Koch）曲线的生成
2. 自相似维度定义
图片来源：李世芬，赵远鹏. 空间维度的扩展：分形几何在建筑领域的应用 [J]. 新建筑，2003（2）：56

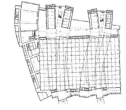

哥伦布会议中心
（Columbus Convention Center，1989—1993 年）

俄亥俄州 美国
[美] 彼得·埃森曼
作为最早将分形理论应用于建筑设计的建筑师，埃森曼在此设计中运用分形思维对建筑与环境的融合进行研究，使建筑以分形重构的方式介入场地，建筑局部所体现出的分形自相似性又使建筑呈现出复杂的韵律。
图片来源：大哥伦布市地区会展中心，哥伦布，俄亥俄州，美国 [J]. 世界建筑，2004（1）：50，51

麻省理工学院西蒙斯楼
（Simmons Hall，Massachusetts Institute of Technology，1999—2002 年）

马萨诸塞州 美国（Massachusetts，USA）
[美] 斯蒂文·霍尔（Steven Holl，1947 年—）
霍尔从门格海绵中获取灵感，基于分形几何的美学特征、迭代方式、自相似性，结合适宜的尺度层级，运用计算机技术创造出独特的分形建筑作品。
图片来源：西蒙斯楼，麻省理工学院学生公寓，剑桥，马萨诸塞州，美国 [J]. 世界建筑，2003（10）：32，33

类型
Type

　　类型是指由具有相同或相似特征或属性的事物所形成的种类，最早应用于生物学领域，如鲸和鱼属于同形不同类，狗与蝙蝠属于同类不同型，在现代词汇中更加强调其方法论的特征。

　　建筑学领域针对类型进行研究形成了建筑类型学，其发展经历了三个阶段，包括原型类型学、范型类型学和新理性主义类型学。其中新理性主义是建筑类型学的主要内容，以阿尔多·罗西为主要代表人物。罗西把类型学的原理与方法试用于建筑设计中，主张建筑师在设计中回到建筑的原型，探索在历史发展与文化背景下的形式创造依据和空间结构生成法则，对建筑的理性发展与文脉传承进行深层次的探讨与思考。

　　在建筑设计实践中，类型学对于设计中各种形态要素的层次划分有重要指导意义，最主要的方法就是对复杂的现实形态进行简化，或从主观设计构想的形态中抽象出一种概念或图示，结合内在结构和限定条件来创造实体空间。

《城市建筑学》
(*The Architecture of the City*)

[意] 阿尔多·罗西
黄士钧译，中国建筑工业出版社，
2006 年。
这是罗西有关建筑和城市理论的一部重要著作。他在书中剖析城市建筑的结构，分析其构成元素，并探讨了城市建筑的类型学问题。

元设计（Meta-design）是类型学中极为重要的一个概念。意大利建筑师普瑞尼（F.Purini，1941 年—）将建筑的组成部分还原为其基本要素，生成一套基本句法并构建一套"元语言"系统。
左：构成建筑几何要素的词汇及句法研究和设计中有关剖面的图示
右：普瑞尼运用"元语言"进行"理论设计"构造出的系列作品
图片来源：沈克宁 . 重温类型学 [J]. 建筑师，2006（6）：10

原型
Archetype

"原型"一词源于希腊语，指"最初的样式"。词源 "Arche-" 本身有"最初、起始"之意，它可以指一个具体的事物，也可以是抽象的思想。

原型最早是对柏拉图的理念或形式的解释性释义，后来衍生出西方重要的文学批判流派——原型批判学派。在建筑学领域中，原型可以理解为对于现代建筑设计具有借鉴价值的传统经典建筑空间。建筑原型所研究的是建筑中事物的规律或本质，这些特质是人类集体无意识经过社会化过程的反映和呈现。

建筑原型作为一种建筑设计手法，常被运用来实现建筑空间的转换和派生。建筑师可以将建筑原型中的形制从历史形态延续到现代形态，使历史建筑形式适应当代社会的需求，从而将传统建筑形态与现代建筑形态进行有机衔接和联系。

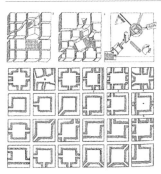

奥地利建筑师罗伯特·克里尔（Robert Krier，1938 年— ）对城市广场原型的探索与归纳

图片来源：Krier R.Urban Space[M]. New York：Rizzoli. 1993：68

圣卡塔尔多公墓
（San Cataldo Cemetery，1971—1978 年）

摩德纳 意大利
[意] 阿尔多·罗西

圣卡塔尔多公墓是新理性主义的代表作之一。罗西认为古老的洞穴形式对安息者的祭仪形成一种联系。他发现坟墓的原型及其他一些原始的结构物，与居所的原型具有类似的特点。他利用简练的空间与结构原型，将公墓的纪念性与场所性发挥到极致。

图片来源：杨凯雯，江滨.阿尔多·罗西理性主义建筑大师 [J].中国勘察设计，2016（10）：59

浮动剧场
（Teatro del Mondo，1980 年）

威尼斯 意大利（Venice，Italy）
[意] 阿尔多·罗西

浮动剧场以节庆水榭与莎士比亚剧院为原型，集中式的尖顶原型来源于意大利传统建筑穹顶。建筑表面的木材则是对于威尼斯特有的木船及海上木屋的追溯。罗西希望这个临时水上剧场能以一种熟悉亲切的方式进入威尼斯，与水城的风景完美融合。

图片来源：世界建筑大师与作品阿尔多·罗西：1990 年普利兹克建筑奖获得者 [J].重庆建筑，2010（4）：2

115

热岛效应
Urban heat island effect

热岛效应，简称 UHI。它与干岛效应、湿岛效应、雨岛效应和浑浊岛效应合称五岛效应。在人工干预下，城市的地表局部温度、湿度、空气对流等因素会发生变化，因而引起的城市小气候也随之改变，这种现象就是热岛效应。城市热岛效应已经成为城市气候最重要的特征之一。

城市热岛效应的研究已近两百年。影响城市热岛效应的因素主要包括：1. 城市人口众多、建筑密集，工业机器设备会产生比郊区更高的人工热源；2. 城市中的柏油马路、建筑墙面等人工材料构筑物较之郊区大量的绿地、水面等拥有更小的比热容，吸热多、散热慢；3. 城市中的大气工业污染在一定程度上产生了温室效应；4. 郊区比城市中心有着更大面积的绿地、水面和田地等。

有研究表明，城市热岛效应强度与城市地形、规划布局、城市规模和人口密度有着很大关系。强烈的热岛效应会严重影响城市人居环境质量，因此现代城市规划和城市设计过程中，必须因地制宜，充分考量城市自然气候与地理条件并合理布局，借助相关软件技术对城市热、风环境进行模拟，尽量减少热岛效应，创造更为舒适宜人的城市居住环境。

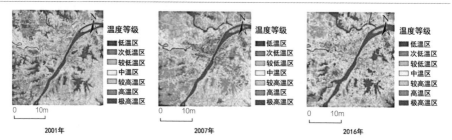

上：夏季城市地表温度等级变迁图

图片来源：樊智宇，詹庆明，刘慧民，等.武汉市夏季城市热岛与不透水面增温强度时空分布 [J].地球信息科学学报，2019（2）：230

下：基于热岛效应分析的城市结构图和城市风道系统规划结构图

图片来源：袁孝亭.普通高中标准实验教科书地理必修一 [M].北京：人民教育出版社，2008:51, 52

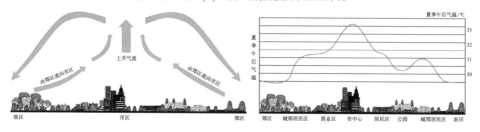

耦合效应
Coupling induction

　　耦合是一个物理学概念，指两个或者两个以上的系统通过外界复杂的相互作用而彼此影响的现象。换言之，如果系统和系统之间的要素存在相互影响或作用，我们就可以说这两个系统之间存在耦合关系，所产生的结果或影响就被称为耦合效应。

　　建筑领域常用耦合一词来阐述人与建筑、建筑与场地，以及建筑与城市之间的联动关系。人的活动与建筑各要素之间存在一种感知与互动，建筑与城市复杂多样的环境要素之间也存在相互依赖的紧密关系。研究它们之间良性积极的耦合关系，既是现代建筑以人为本理念的体现，也能够发掘建筑的城市价值。近年来，绿色建筑与城市生态环境备受关注。绿色建筑从节地、节能、节材、节水等多方面对生态环境产生积极影响；同时，稳定的生态环境和丰富的资源又会促进绿色建筑技术的发展。两者之间存在一种共生共荣的耦合关系，研究这种耦合关系成为当代城市设计中尤为重要的部分。

　　建筑学研究的耦合效应，实质上反映的是一种具有场所精神的建筑、人、环境和谐共生的积极状态。因此，如何在设计创作中最大限度地激发这三者间的耦合效应，创造出富有活力和场所感的建筑空间、城市公共空间，已成为设计师关注的焦点。

左：苏州古城水街

苏州古城水陆并行、街河相邻的双棋盘式城市格局以水调和建筑、街道和人之间的关系，激发城市活力。建筑在三维空间上与街道、水系多层次耦合，创造出层次丰富、场所氛围浓厚的城市公共空间。
图片来源：周锡骏. 山塘寻胜 [M]. 苏州：古吴轩出版社，2007：91

右：波茨坦广场
（Potsdamer Platz，1992 年）

柏林 德国
[意] 伦佐·皮亚诺
波茨坦广场原是第二次世界大战遗留的城市边缘地带，建筑师以新城市主义功能混合思想为指引，将多种城市功能与建筑新旧空间形式混合规划。建筑向城市公共空间开放，结合广场的集聚效力，形成一种柔性边界和活力空间，充分调动人与建筑、城市的耦合效应，实现了多方面的共赢。
图片来源：赵力. 德国柏林波茨坦广场的城市设计 [J]. 时代建筑，2004（3）：119

后记 | Afterword

　　建筑设计理论浩瀚，专业术语难以掌握，设计师往往无暇钻研，从而限制了建筑创作的精进。类似的问题也出现在我们的建筑教育过程中，有鉴于此，我们有意识地在教学中加强了这方面的培养，并得到了学生们的认可。

　　本书在编写过程中，合肥工业大学徐震副教授承担了校审工作，苏州大学建筑系硕士研究生吴凡吉、赵萍萍、黄天雷同学做了大量的协助工作。此外，戴雪茹、付立婷、李磊、钱立、钱逸馨、苏畅、王鑫、谢亚男、朱月晴、庄嘉其、李东会、尹必可、马美玲、王黎敏、郭开慧等同学参与了资料收集工作。

　　本书的编写得到了中国著名建筑理论家 刘先觉 教授、汪正章教授的关心与指导，对于本书的完善提出了非常宝贵的建议，在此表示衷心的感谢！

　　本书的出版，虽然历经多轮的讨论和审阅，但由于建筑理论艰深，错漏在所难免，恳请广大读者批评、指正！

2020 年 5 月